Johannes Voss

Die Führungsstrategien des Alphawolfs

Johannes Voss

Die Führungsstrategien des Alphawolfs

Ideenpool für Manager

HANSER

Bibliografische Information der Deutschen Nationalbibliothek
Die Deutsche Nationalbibliothek verzeichnet diese Publikation in der Deutschen Nationalbibliografie; detaillierte bibliografische Daten sind im Internet über http://dnb.d-nb.de abrufbar.

1 2 3 4 5 11 10 09 08 07

Internet: http://www.hanser.de
Lektorat: Lisa Hoffmann-Bäuml
Herstellung: Ursula Barche
Umschlaggestaltung: Büro plan.it, München, unter Verwendung eines Bildmotivs von getty images
Satz: Manuela Treindl, Laaber
Druck und Bindung: Friedrich Pustet, Regensburg
Printed in Germany

ISBN 978-3-446-41242-2

Vorwort

Warum haben Sie ausgerechnet zu diesem Buch gegriffen? Obwohl neben meinem Buch in diesem Jahr circa 100.000 weitere in deutscher Sprache erschienen sind, lesen Sie gerade diese Zeilen. Waren es die Wölfe, die Ihre Neugier weckten, dann geht es Ihnen so wie mir. Seit vielen Jahren beobachte ich Wölfe und deren Verhalten im Rudel an unterschiedlichen Orten Europas. Sehr oft haben mich die Wölfe und dabei ganz besonders die Alphawölfe mit ihren Verhaltensweisen verblüfft. Ganz gleich ob bei meinen eigenen Beobachtungen von Gehegewölfen oder durch meine Auswertungen der Beobachtungen von Verhaltensforschern bei frei lebenden Wölfen – immer wieder kam ich zu der Erkenntnis, dass Wölfe unglaublich gute und hocheffektive Teamplayer sind. Alphawölfe haben in dieser Hinsicht so mancher Führungskraft etwas voraus.

Beim Lesen werden Sie schnell feststellen, dass es in diesem Buch nicht darum geht, die nächsten zehn goldenen Regeln erfolgreicher Führung zu proklamieren, sondern darum, seinen eigenen Blick zu schärfen, um die vielfältigen Herausforderungen des Führungsalltags der Situation angemessen zu meistern. Im Gegensatz zu der bei vielen Führungskräften vorherrschenden Meinung, man müsse Menschen zur Leistung antreiben und deswegen ständig kontrollierend hinter ihnen stehen, zeigen die Wölfe, dass es auch anders geht. Wenn Sie das Buch aufmerksam lesen, werden Sie erkennen, warum ein Alphawolf dem Rudel vorauslaufen kann, warum alle Rudelmitglieder ihm freiwillig folgen und wie er sein Team zum Erfolg führt.

Mein Dank gilt allen, die an der Entstehung dieses Buches mitgewirkt und mich durch die zahlreichen Diskussionen inspiriert haben.

Ihnen, lieber Leser, wünsche ich auf den folgenden Seiten viele anregende und nachdenkliche Momente. Und vor allem viel Erfolg in Ihrer Rolle als Alphawölfin oder Alphawolf.

Johannes Voss

Ochsenfurt, im Herbst 2007

Inhalt

1
Robust
Warum der Wolf nicht ausgestorben ist

Darf ich Sie auf eine Reise einladen? Sie brauchen dazu kein Flugticket, sondern nur dieses Buch und Ihre Fantasie. Es ist eine kurze Reise durch die Zeit. – Und los geht's: Denken Sie sich nach Nordamerika. Denken Sie sich in die dichten und menschenleeren Laub- und Nadelwälder. In die Berge, die im Winter unter Schnee liegen und im Sommer in der Sonne glühen. In die weiten trockenen Ebenen, in denen früher die Bisons grasten. In die Flusstäler mit ihren klaren Wassern. Und stellen Sie sich Geysire vor, riesige Sanddünen, weite Flächen arktischer Tundra. Oder Hochflächen mit tiefen Bergseen und Wiesen voller Blumen. Dort leben Wölfe in freier Wildbahn. Es sind Amerikanische Grauwölfe – die sogenannten Timberwölfe.

„Bruder Wolf", so nannten die Ureinwohner Amerikas dieses Tier und brachten ihm großen Respekt, ja Verehrung entgegen. Die Indianer hatten nämlich erkannt, wie viele Parallelen es zwischen Menschen und Wölfen gab. Mensch wie Tier lebten in generationenübergreifenden Familienverbänden. Beide – Mensch und Wolf – gaben ihr Wissen über Generationen hinweg weiter. Beide lebten von der Jagd und wirtschafteten so, dass sie ihre Lebensgrundlage nicht zerstörten.

Bruder Wolf war den Menschen dank seiner Ausdauer und seines Geschicks bei der Jagd ein Vorbild. Zur Büffeljagd gin-

gen die Indianer oft in Wolfsfelle gehüllt – die Büffel ließen Wölfe weitaus näher an sich heran als Menschen. Denn Wölfe konnten einem ausgewachsenen Büffel, geschweige denn einer ganzen Büffelherde, kaum gefährlich werden. Die Indianer jagten allerdings – Bruder hin, Bruder her – ab und zu auch Wölfe. Wegen ihrer Felle, oder weil Nahrungsmittel knapp wurden und es nichts Besseres gab.

Die Gedankenwelt der Indianer an der Westküste Kanadas ist uns dank der erhaltenen Totempfähle überliefert. Auf ihnen sind Illustrationen von Sagen, Mythen und Legenden zu sehen. Auf einem über 15 Meter hohen Totempfahl sind beispielsweise die Herrscher der Welten dargestellt. Da finden sich ein Adler, der Herrscher der Lüfte, ein Wal, der Herrscher des Meeres und – ein Wolf, der Herrscher über das Land. Ein anderer Totempfahl erzählt die Geschichte eines Wolfes, der sich ein Stück Holz zwischen den Backenzähnen eingeklemmt hatte. Ein Indianer befreite ihn davon. Als Dank dafür erlegte der Wolf in Zeiten der Not Hirsche für den Mann und seinen Stamm.

Nicht nur die Indianer huldigten dem Wolf in ihrer Kunst und in ihren Geschichten. Auch in anderen Teilen der Erde wurden Wölfe lange als Lehrmeister respektiert. Alle Menschen, die als Jäger und Sammler lebten, wussten viel über das Verhalten des Wolfs und verehrten ihn als fast schon übernatürliches Wesen – das oft auch mit dem Tod und dem Übergang in eine andere Welt in Verbindung gebracht wurde. Dies war aber beileibe nicht abwertend gemeint, sondern symbolisierte den heldenhaften Tod eines Kriegers.

So waren die Wölfe Geri und Freki Begleiter des germanischen Göttervaters und Kriegsgottes Odin. Im alten Ägypten war der Wolf der Gott des Totenreichs. Ihm weihte man sogar eine

ganze Stadt: Lykopolis, zu Deutsch Wolfsstadt. Andere Völker brachten den Wolf nicht mit dem Tod, sondern mit dem Gegenteil, mit der Entstehung von Leben in Verbindung. Die Hunnen und Usbeken etwa leiteten ihre Herkunft vom Wolf ab. Zu ihnen gehörte auch der berühmte Dschingis Khan, der besonders stolz auf seine – angeblich – wölfische Herkunft gewesen sein soll. Die Gründer der Stadt Rom, Romulus und Remus, sollen, so die Legende, von einer Wölfin großgezogen worden sein. So war der Wolf schon früh eine janusköpfige Gestalt: Todesbote und Lebensstifter, Herrscher der Unterwelt und Symbol der Fruchtbarkeit.

Als die Völker der nördlichen Erdhalbkugel sesshaft wurden und sich stark vermehrten, drangen sie mit ihren Siedlungen, mit ihren Feldern, ihren Schafs-, Rinder- und Ziegenherden in Gebiete ein, die der Wolf vorher alleine bewohnt hatte. Wälder wurden gerodet, bis weit hinauf in die Berge. Nutztiere wurden in die verbliebenen Wälder auf die Waldweide geschickt. Sie verdrängten die Wildtiere. Der Wolf holte sich seinen Anteil – er folgte dabei nur seinem natürlichen Jagdinstinkt. Und wurde dafür fortan dämonisiert. Er war jetzt kein Vorbild mehr, sondern Konkurrent des Menschen bei der Nahrungsbeschaffung. Und das galt nicht nur für arme Bauern.

In den Bannwäldern der aristokratischen Herrschaften wurde das Wild gehegt, damit der Adel seinem Jagdvergnügen nachgehen konnte. Dort war der Wolf ein großer Jagdkonkurrent – wobei es nicht um Fragen der Ernährung ging, sondern um ein mehr oder weniger sportliches Event. Und deswegen um Macht, Prestige und einen feudalen Herrschaftsanspruch: Schließlich bestimmte der Adel über Leben und Tod seiner Leibeigenen, und zu denen gehörten natürlich auch Wild und Wolf. Der wurde also aus den adligen Wäldern vertrieben – und zog sich in die Gebiete zurück, die von Bauern

besiedelt und bewirtschaftet wurden. Hier trat ihm nicht die Waffengewalt entgegen, mit der der Adel aufwarten konnte. Beutetiere gab es zuhauf, also blieb er. „Die Wölfe kommen!" war daher der Schreckensruf in den Dörfern des Mittelalters. Jeder fürchtete um sein Vieh.

Der Adel wusste seine Interessen zu vertreten, indem er die Armen unter den Untertanen für eine beispiellose Wolfsverfolgungskampagne instrumentalisierte. Zumindest in West- und Mitteleuropa war diese Kampagne auf den ersten Blick sehr erfolgreich: Hier wurde der Wolf fast vollständig ausgerottet – abgestempelt als brutal, aggressiv, blutdürstig, gierig und heimtückisch. Er war zu einer Projektionsfläche menschlicher Verfehlungen geworden.

Selbst heute noch existiert eine sehr ambivalente Haltung der Menschen gegenüber den Wölfen. Die einen unterstützen seine Wiederansiedelung, weil sie ihn als das sehen, was er ist: ein Bestandteil der Ökologie. Die anderen rennen mit einer nicht mehr nachzuvollziehenden Energie dagegen an und packen alte Vorurteile wieder aus. Wölfe reißen Nutztiere und fallen Menschen an, sind blutrünstige Bestien – so heißt es dann.

Auch in den modernen Geschichten und Märchen unserer Zeit hat sich eine ambivalente Haltung gegenüber den Wölfen manifestiert. Die Palette reicht vom bösen Wolf im Film „American Werewolf" bis zum guten Wolf im „Dschungelbuch" und wieder zurück zum bösen Wolf in Band 19 der Comic-Serie Asterix, in dem der Bösewicht, ein Seher, eine in ein Wolfsfell gehüllte Gestalt ist, die so ziemlich alle negativen Eigenschaften in sich vereinigt, die man sich ausmalen kann – Niedertracht, Habgier, gepaart mit Feigheit und Aufschneidertum. Der Wolf polarisiert immer noch wie kaum ein anderes Tier. Und er ist nach wie vor Projektionsfläche – neuerdings

aber auch für die Sehnsucht des konsumüberdrüssigen Teils der Menschheit nach Sinn, nach Ursprung, nach Wildheit, nach Einfachheit und klaren Strukturen.

Dass die Wölfe aller schlechten PR zum Trotz überlebt haben – und das nicht nur in Mythologie, Kunst und Literatur, sondern auch in der Realität – liegt an den erstaunlichen Fähigkeiten dieser Tiere. Sie richten ihr Handeln langfristig aus. Nie würden sie einen kurzfristigen Nutzen einem langfristigen Gewinn vorziehen. Sie sind anpassungsfähig und – viel wichtiger – auch bereit zu schnellen Veränderungen. Als Basis ihres nachhaltigen Agierens und der schnellen Anpassung an geänderte Umweltbedingungen dient den Wölfen ihre einzigartige Kommunikation. Sie ist klar und ohne Reibungsverluste.

Gier frisst Hirn

Kennen Sie auch einen dieser Aktienkurs-Junkies? Die checken morgens als Erstes und abends als Letztes die Börsenkurse. Ob ihnen das ein Gefühl von Sicherheit gibt? Jedenfalls werden sie kaum daraus ablesen können, ob die Unternehmen, deren Aktien sie gekauft haben, auch in 20 Jahren noch am Markt sein und ihnen satte Dividenden auf das Bankkonto spülen werden.

Kurzfristige Gewinne sind heute oft oberstes Ziel der DAX-Unternehmen. Da hat sich das Prinzip des „Shareholder-Value" durchgesetzt. Anders ausgedrückt: Der Blick reicht immer nur bis zum nächsten Quartalsbericht. Fiele der negativ aus, würde das die Shareholder verdrießen. Also gehen viele Unternehmen den Weg des geringsten Widerstands, kündigen an, dass sie in naher Zukunft 20.000 Mitarbeiter entlassen und die unrentable Tochtergesellschaft wieder veräußern wollen, realisieren bis zum Quartalsende ein paar frisierende

Maßnahmen zur Vermögensumschichtung – und schon saust der Aktienkurs nach oben. Live zu verfolgen im Börsenticker auf n-tv oder N24. Jede Sekunde. Mit einer Aussagekraft, die gegen null geht.

Als Wendelin Wiedeking, Vorstandsvorsitzender der Porsche AG, beschloss, keine Quartalsberichte mehr zu veröffentlichen, wurde sein Unternehmen aus dem DAX 30 geworfen. Gestört hat ihn das nicht weiter. Er hatte begriffen: Wer langfristig und nachhaltig plant, dem sind Quartalsberichte egal. Der nimmt kurz- bis mittelfristige Flauten als das hin, was sie sind: Lebensgrundlage für dauerhaften Erfolg. Der entlässt auch nicht leichtfertig Personal – denn das sorgt höchstens kurzfristig für eine Entlastung.

Mit den Mitarbeitern verschwindet immer auch das Knowhow, das später mit einem immensen Kostenaufwand wieder aufgebaut werden muss. Und nicht nur das: Beim nächsten größeren Auftrag steht das Unternehmen da und hat nicht genügend Personal, um ihn abzuwickeln. Zu kurz gedacht. Gier frisst Hirn. So einfach ist das.

Wölfe machen es sich nicht so einfach. Sie hungern manchmal tage- und wochenlang. Dann aber konzentrieren sie alle Energien auf ein lohnendes Stück Beute. Das ist eben nicht ein Schneehase – den vielleicht ein Wolf von der kurzfristig denkenden Sorte alleine jagen würde, weil er es vor Hunger nicht mehr aushält –, sondern ein Büffel, den nur ein Rudel mit vereinten Kräften erlegen kann. Der dann aber auch alle für lange satt macht. Und sogar noch zu einem Teil vergraben wird, damit man später noch was davon hat.

Und die Wölfe verstoßen auch nicht gleich scheinbar nutzlose Fresser – wie Welpen oder ältere, schwächere Tiere – aus dem Rudel, wenn sie mal zwei Tage darben müssen. Hinter der nächsten Bergkette wartet eine Karibu-Herde, und dann kommt es auf jeden einzelnen Wolf an. Auch auf den, der nicht mitjagt, sondern derweil auf die Welpen aufpasst. Gerade auf die Welpen! Sie sind die Zukunft des Rudels. Und wer würde sich schon sehenden Auges seiner eigenen Zukunft berauben?

Panik in Kanal 4

Unternehmen machen häufig noch etwas, das einem Wolfsrudel nie in den Sinn käme: Sie beharren auf einer einmal entwickelten Strategie. Oder können nicht begreifen, dass Marken und Produkte plötzlich nicht mehr der letzte Schrei sind, obwohl sie es doch so lange waren. Auch Mäuse begehen übrigens diesen Fehler. Kennen Sie die Geschichte von der Labormaus und den fünf Kanälen? Sie geht so: Einer Labormaus wurden in einem Versuch fünf Laufgänge beziehungsweise Kanäle angeboten, in jeweils einem von ihnen lag jeden Tag ein Stück Käse. Die Maus suchte jeden Tag alle Laufgänge ab und fand irgendwann den Käse. Als man ihr den Käse nur noch in Kanal 4 legte, begriff sie das sehr schnell und hielt sich gar nicht mehr damit auf, in den anderen Kanälen zu suchen. Zielstrebig steuerte sie jeden Tag auf Kanal 4 zu und hatte mit dieser Taktik den größtmöglichen Erfolg: Käse bis zum Abwinken. Als sie eines Tages in Kanal 4 keinen Käse mehr vorfand, geriet sie in Panik. Und hatte obendrein vergessen, dass sie auch noch vier andere Kanäle nach Käse absuchen könnte, wie sie es früher getan hatte. Und so gab es für sie keinen Käse mehr. Sie war auf Erfolg programmiert und dadurch zur Erfolglosigkeit verurteilt.

Viele Unternehmen verfallen diesem „Kanal-4-Syndrom" und schauen in selbstgefälliger, satter Arroganz zu, wie ihr

Unternehmen den Bach runtergeht. Hersteller von Overhead-Projektoren können davon ein Lied singen. Die Fotobranche, die von der Digitalisierung überrollt worden ist. Grundig, das zur Handelsmarke eines türkischen Elektronikproduzenten wurde. Unternehmen, die in Geschäfte mit Mittel- und Osteuropa eingestiegen sind und den Fortschrittshunger und die Innovationskraft der Unternehmen dort komplett unterschätzt haben. Erfolgreiche Unternehmen dagegen lassen ihre Erfolge schnell hinter sich, ruhen sich nicht darauf aus und erfinden sich täglich neu. Sie registrieren nicht nur die sich ändernden Marktbedingungen, sondern sie reagieren auch darauf. Und zwar schnell.

So wie es die Wölfe tun. Wenn sie nicht blitzschnell auf sich verändernde Umweltbedingungen reagierten, wären sie tot. Da sie aber leben wollen, beharren sie nicht darauf, genau dort zu leben und zu jagen, wo sie das immer getan haben, sondern weichen beispielsweise dem Menschen aus, wo der ihnen auf die Pfoten tritt. Selbst Wölfe, die in geschützten Gebieten leben, in Nationalparks etwa, passen sich schnell an die spezielle Infrastruktur an: Sie zeigen sich nicht an bestimmten Plätzen, wenn sie wissen, dass dort dann viele Parkbesucher sein werden. Sie meiden Wege und Straßen, wenn die stark frequentiert sind. Sie vergrößern ihr Territorium, wenn die Beutetiere weniger werden. Sie verlassen es, wenn die Bedingungen zu widrig werden. Wölfe können sich nicht in einmal erfolgreich etablierten Territorien ausruhen. Für sie gibt es keine sozialen oder betrieblichen Hängematten. Die Auswirkungen ihres Handelns oder Unterlassens bekommen sie immer sofort zu spüren. Sie haben deshalb genau zwei Möglichkeiten: anpassen oder sterben. Gemütlich zurücklehnen geht nicht.

Ihre Anpassungsfähigkeit entwickelt sich aber nicht nur in eine Richtung weg vom Menschen. Sie sind durchaus auch in

der Lage, vom Menschen geschaffene Infrastruktur für sich zu nutzen. Ein Wolfsrudel, das im kanadischen Nationalpark von Banff lebt, nutzt zum Beispiel sehr clever eine Eisenbahntrasse, die durch ihr Territorium führt: Die Wölfe legen einen Teil ihrer mitunter sehr langen Wanderungen im Gleisbett zurück. Das spart Energie, denn sie müssen sich weder den Weg durch unwegsames Gelände noch durch Schneewehen bahnen.

Aber nicht nur das: Sie nutzen die Eisenbahntrasse sogar als Beschleunigungsstreifen, wenn sie einem Hirsch hinterherjagen! Oder sie kontrollieren die Strecke nach Unfallopfern anderer Tierarten, die für sie dann leichte Beute sind. Hirsche oder Rehe etwa, die von einem vorbeifahrenden Zug erfasst worden sind. Auch hier: Weil die Wölfe sich schnell anpassen, steigen ihre Überlebens- und Erfolgschancen.

Menschen in Unternehmen dagegen zeichnen sich oft durch ein immenses Beharrungsvermögen aus. „Das haben wir doch noch nie so gemacht!“ ist meist die erste Maxime angesichts neuer Herausforderungen. Die zweite lautet so: „Das ging doch die letzten 135 Jahre gut, wieso soll das jetzt nicht mehr funktionieren, und überhaupt: Wenn sich jemand beschweren will, dann bin nicht ich zuständig, sondern Kollege Meier in Zimmer 158!“

Bekämen die Menschen in Unternehmen die Auswirkungen ihres Tuns ähnlich direkt zu spüren wie die Wölfe, dann wäre ihre Änderungsbereitschaft mit Sicherheit ausgeprägter. Ein Wolf, der sein Jagdverhalten nicht an die Beute oder das Gelände anpasst, bleibt hungrig. Ein Mitarbeiter, der seine Kunden schlecht behandelt oder falsch berät, kriegt seinen Kühlschrank trotzdem voll. Merken Sie was? Wenn Sie führen wie ein Alpha, dann geben Sie Ihren Mitarbeitern Messgrößen, anhand derer sie sehen können, ob sich etwas positiv

oder negativ entwickelt. Ein Alphachef lässt seine Mitarbeiter die Auswirkungen ihres Tuns spüren. Im Positiven wie im Negativen.

Götz Werner, Gründer und geschäftsführender Gesellschafter der Handelskette dm-drogerie markt ist solch ein Alphachef. Er hat sein Unternehmen so organisiert, dass es in jeder einzelnen dm-Filiale Mitarbeiterteams gibt, die sich am Ende des Jahres zu einem Monitoring zusammenfinden. „Wer hat wie viel zum Gelingen des Ganzen beigetragen?“ ist dann die Frage, die das Team für sich beantwortet. Wenn ein Mitarbeiter sich während des zurückliegenden Jahres in die betriebliche Hängematte gelegt und Ferien im Büro gemacht hat, wird er eine entsprechende Quittung von seinen Kollegen bekommen. Er spürt die Auswirkungen seines Tuns. Diese Auswirkungen können ziemlich handfest sein, denn in diesen Sitzungen geht es nicht nur um soziale Interaktion, um ein bisschen Schulterklopfen und erhobene Zeigefinger, sondern auch um die Verteilung der Gehälter. Dadurch dass die dm-Teams relativ klein sind – sie umfassen zehn bis zwölf Mitglieder –, kann sich keiner in einer anonymen Masse verstecken. Dieses von Götz Werner eingeführte System mit seinen genau bestimmten Stellgrößen hat so einen entscheidenden Vorteil: Es ist selbstregulierend.

Hellseherin gesucht!

Neulich sprach ich mit einem Manager, der meinte, er habe das ultimative Rezept für erfolgreiche Führung entdeckt: „Meetings gibt es bei uns nicht mehr. Die fressen nur Zeit und bringen nichts.“ Dass Meetings Zeit kosten können, vor allem wenn sie unstrukturiert sind, hat sich mittlerweile herumgesprochen. Aber *gar keine* Meetings mehr abzuhalten?

Unabgestimmt in den Tag zu starten? Jeden das machen lassen, von dem er glaubt, dass es richtig sei? Und hinterher stellt sich heraus, dass drei andere genau das auch schon in Angriff genommen haben? Merkwürdige Vorstellung von effektiver Führung, finde ich.

Oder dieser andere Manager, der sich beschwerte, dass seine Assistentin nichts tauge und er sie demnächst rausschmeißen wolle. Bei genauerem Hinsehen offenbarte sich, dass er überhaupt nie mit ihr über die Dinge sprach, die sie erledigen sollte. Er knallte Unterlagen auf ihren Schreibtisch und vertraute ansonsten ganz auf ihre hellseherischen Fähigkeiten.

Wir würde es wohl den Wölfen gehen, wenn sie sich so verhielten? Ihnen wäre zwar klar, dass sie demnächst jagen müssen. Ihnen wäre vielleicht auch noch klar, dass es sich bei der Beute um irgendein Tier handelt. Aber mehr auch nicht. Der Rest – dieses fein abgestimmte Gesamtkunstwerk aus Rollenerfüllung und Kommunikation – bliebe auf der Strecke. Und damit der Erfolg und das Überleben des gesamten Rudels.

Wölfe kommunizieren permanent. Das bedeutet nicht, dass sie in stundenlangen Runden die Köpfe zusammenstecken. Sie kommunizieren aufwandsarm. Mitunter reicht ein Blick. Ein gesenkter Kopf. Eine erhobene Rute. Die Ebenen der Kommunikation sind unterschiedlich: Sie schauen einander an, suchen den Körperkontakt. Mit ihrer Haltung signalisieren sie, welche Position sie innerhalb des Rudels haben. Und wer der Chef ist. Die Kommunikation läuft oft auch ganz lautlos ab – wenn man „lautlos“ als „Nichtertönen von Stimmen“ beschreiben will. Wer Wölfe beobachtet hat, weiß, dass sie viele verschiedene Geräusche machen, die innerhalb ihrer Kommunikation eine Bedeutung haben – sie schnüffeln, sie scharren oder ihr Fell wispert, wenn sie aneinander vorbeistreifen. Wesentlich ist ihr differenziertes Mienenspiel: Es lässt andere erkennen, wie sie sich fühlen und was sie wollen, sei es nun Nähe, Abstand oder eine andere Aktion.

Anscheinend nehmen viele Menschen in den Unternehmen – und auch der eben erwähnte Manager – an, dass sie keine Kommunikation mehr brauchen, da sie ja sowieso alle in der gleichen Welt leben. Unterschiedliche Wissensstände werden dabei ebenso fröhlich ignoriert wie die Notwendigkeit, Rollen festzulegen und auszufüllen. Wölfe sind dagegen in der Lage, Kommunikationsstrukturen aufzubauen, die die Unterschiede zwischen ihnen tatsächlich egalisieren. Sie leben wirklich in einer gemeinsamen Welt und wissen: Ihr Erfolg und ihr Überleben sind nur dann gewährleistet, wenn sie sich vereint und in ständigem Austausch mit anderen auf den Weg machen. Von wegen „einsamer Wolf"!

Von Suppen und Gefängniswärtern

Der moderne Mensch der Organisationen kocht sich derweil schön das eigene Süppchen. Sein Sinnen und Trachten reicht oft nicht weiter als bis zu seiner Nasenspitze. Gefangen in seiner persönlichen Welt heißen die Gefängniswärter Hedonismus, Egoismus und Nach-mir-die-Sintflut. Bei manchen Führungskräften führt das dazu, dass sie denken, ihr Unternehmen funktioniere nur deswegen, weil sie da sind. Die Tatsache, dass sie mitunter das Mehrhundertfache des Gehalts ihrer Mitarbeiter bekommen, scheint sie in dieser eitlen Annahme noch zu bestätigen. Dabei funktionieren Unternehmen – wenn sie denn funktionieren! – nur deswegen, weil jeder einzelne Mitarbeiter an seinem Platz seiner Aufgabe gerecht wird.

Sicher: Auch ein Alphawolf bekommt mehr „Gehalt". Ist ein Beutetier erlegt, darf er als Erster und auch am meisten fressen. Denn der Alpha hat mehr geleistet als ein Wolf, der innerhalb der Jagd vielleicht nur ein Mitläufer ist. Dieses Privileg steht so lange außer Frage, wie der Alpha dem Rudel einen Nutzen bringt. Der Nutzen besteht darin, dass durch seine Führungskraft, seine Umsicht, seine Stärke es dem Rudel möglich ist, große Tiere zu reißen und genügend Nahrung für alle zu erjagen. Das muss der Alpha jedoch auch permanent beweisen und kommunizieren – indem er die Wölfe in die Schranken weist, die ihm seinen Rang streitig machen wollen.

Der Alpha frisst also wie gesagt als Erster und auch mehr als die anderen. Die anderen Wölfe akzeptieren das – weil sie unter dem Strich davon profitieren, wenn ihr Alphatier stark bleibt und motiviert ist. Gebärdete sich der Alpha so, wie es viele hochkarätige Führungskräfte in deutschen Unternehmen tun, würde er seinem Rudel nur noch die Jagd auf Mäuse erlauben, sich selbst an den Vorräten laben und die zunehmend schwächer werdenden Wölfe, einen nach dem anderen, aus dem Rudel werfen. Wohin das führt, ist klar. Irgendwann, wenn es fast zu spät ist, soll der Aufsichtsratsvorsitzende es dann wieder richten.

Ein Alphachef stellt sich dagegen die Frage: „Was schaffe ich an Wert, den meine Mitarbeiter alleine nicht schaffen?“ Denn nur dieser Wert legitimiert seine Alpharolle. Führen wie ein Alpha heißt den langfristigen Erfolg sichern. Davon haben alle was. Davon profitieren Rudelwölfe wie Mitarbeiter. Diese Erkenntnis hat sich hierzulande aber noch nicht wirklich durchgesetzt. Hier hat man uns in den letzten Jahrzehnten vor allem eins gelehrt: Egoismus. Und dazu gehören die Maximen der Neidkultur: Erstens, man neide dem anderen sein Auto, zweitens sein Haus, drittens seine Reisen, viertens sein Boot und so weiter.

Warum fragt sich kein Mensch: „Was hat der andere getan, um das zu haben, was er hat?“ Denn in der Regel kann man genau davon ausgehen: dass er nämlich etwas getan hat für seinen Wohlstand. Ein systemischer Blick auf das Ganze würde am anderen Ende erbringen, dass derjenige, der Geld angehäuft hat, ja auch wieder Geld ausgibt, und zwar mehr als die anderen. Und von diesem Geld leben wiederum andere Menschen, und das nicht schlecht. Status quo und der Neid auf diesen Status quo sind leider vielen Menschen wichtiger als die Erkenntnis, dass wir alle in einem großen Wertschöpfungszusammenhang miteinander verbunden sind.

Das Wolfsrudel ist da schlauer: Hier sieht der einzelne Wolf, dass jedes Rudelmitglied seinen ganz speziellen Beitrag leistet und darum seinen ganz speziellen Wert schöpfen kann. Im Falle des Alphas eben ein bisschen mehr als die anderen.

Nebelkerzen statt Solidarität

Ein Alphachef weiß also, welche Werte er für das Gesamtsystem schafft. Nun muss er diese Werte beziehungsweise die Maßnahmen, die er einleitet, aber auch so kommunizieren, dass seine Mitarbeiter ihm folgen. Der geschasste Siemens-Vorstandsvorsitzende Kleinfeld machte vor, wie es *nicht* funktionieren kann: Erst schaffte er es nicht, die unrentable Handysparte zu sanieren. Dann stieß er sie ab, verkaufte an taiwanesische Investoren. Nicht ohne die Mitarbeiter gründlich einzuseifen: Ihre Arbeitsplätze seien definitiv gesichert, und zwar für mehrere Jahre. Kurz danach war Schluss mit der Augenwischerei: BenQ meldete Insolvenz an, 3.000 Mitarbeiter standen vor der Arbeitslosigkeit. Dafür, dass der Chef seine Alphapflichten nicht erfüllt hatte, bekam er prompt eine satte Gehaltserhöhung von 30 Prozent. Auf die er dann

ebenso PR-wirksam wie scheinheilig „verzichtete". Ein Schlag ins Gesicht für die 3.000 BenQ-Mitarbeiter.

Auch Telekom-Chef Obermann demonstrierte bei seinem Amtsantritt wenig Alphaqualitäten, als er sich vor die Mitarbeiter stellte, sie erst mal kräftig abkanzelte und dann ankündigte, 50.000 Stellen auszugliedern. So gewinnt man weder Sympathien noch die Loyalität seiner Mitarbeiter. Auch nicht die der Banken, der Gewerkschaften oder der Öffentlichkeit. So wird man kein Alphachef. Erst recht nicht durch die Ankündigung, dass sich natürlich auch das Management solidarisch an den Sparmaßnahmen des Konzerns beteiligen werde und auf Gehalt verzichte – in Form von Nullrunden, versteht sich. Statt Solidarität brennen hier Nebelkerzen.

Und jetzt erwarten Sie vielleicht die zehn goldenen Regeln der Alphachef-Kommunikation. Falls ja, muss ich Sie enttäuschen. Denn die gibt es nicht. Was es dagegen gibt: unzählige Situationen, die immer wieder unterschiedlich sind. Weil Menschen beteiligt sind, die individuelle Verhaltensweisen an den Tag legen. Weil der Markt sich permanent ändert, die Bedingungen sich ändern, die Umwelt sich ändert. Mit zehn goldenen Regeln kommen Sie hier nicht weiter, und übrigens auch nirgends sonst im Leben.

Das Bedürfnis nach Regeln ist in unserer Gesellschaft sehr ausgeprägt. Klar, wenn man genug Regeln hat, muss man sich scheinbar keine Gedanken mehr machen. Dann muss man sich nicht überlegen: Was ist das für eine Situation, in der ich hier bin, und was mache ich jetzt, um das zu kriegen, was ich will? Dann wendet man nämlich Regel Nummer 3 an und in der nächsten Situation Regel Nummer 5, weil es ja in dem einen Buch stand, das einem so gut gefiel, oder weil der Dozent an der Uni es einem so beigebracht hat. Lassen

Sie besser Ihre „Vereinfachen Sie Ihr/e Unternehmen/Leben/Ehe in zehn Tagen“-Bibeln im Regal. Das Leben ist nicht so einfach, wie viele es gern hätten. Und ein Unternehmen zu führen erst recht nicht.

Die gute Nachricht lautet dagegen: Ein Alphachef braucht keine zehn goldenen Regeln der Alphakommunikation. Denn er verfügt über etwas viel Besseres. Nämlich große Sensibilität und hohes Anpassungsvermögen. Er versetzt sich in sein Gegenüber und findet die richtigen Worte und die richtige Vorgehensweise, um diese Person oder Gruppe zu überzeugen, ihm zu folgen. Er schafft es, den Wert seines Tuns so zu kommunizieren, dass das Gesamtsystem den Nutzen erkennt, den es davon hat. Wo er jedoch keinen Wert geschaffen hat, kann er auch keinen kommunizieren. Aber dann ist er als Alpha schlicht eine Fehlbesetzung und muss gehen. Herr Kleinfeld ist ja inzwischen auch weg. Und welchen Job Herr Obermann nach der Drucklegung dieses Buches macht, werden wir sehen.

Anpassen ist Überleben ist Anpassen

In den Abruzzen leben etliche Rudel verwilderter Hunde. Sie ernähren sich von dem, was sie auf den Müllhalden der Bergdörfer finden, aber auch von Weidetieren, die sie angreifen und töten. Sie haben sich erstaunlich schnell angepasst – bis zu einem gewissen Grad. Hunderudel bestehen allerdings immer nur für einen relativ kurzen Zeitraum. Sie besitzen nicht die ausgefeilten Kommunikationsfähigkeiten der Wölfe und schaffen es deswegen beispielsweise nicht, ihrem Nachwuchs zu vermitteln, wie das nun funktioniert mit der Jagd oder der Orientierung im Gelände. Die jungen Hunde verirren sich regelmäßig im Gebirge, streunen umher und sterben. Zu

groß, um von der Mutter gesäugt zu werden, zu klein, um sich selbst durchzubringen.

Und wissen Sie, warum das Amerikanische Mastodon, eine Mammut-Art, ausgestorben ist? Nachdem es Millionen von Jahren erfolgreich in Nordamerika überlebt und sogar der Eiszeit getrotzt hatte? Durch die langen Generationszeiten konnte es sich nicht schnell genug an die Krankheiten anpassen, die von Haus- und Nutztieren der ersten Menschen in Amerika eingeschleppt wurden.

Wer überleben will, muss sich anpassen. Ob nun Abruzzen-Hund, Mammut, Wolf oder Unternehmen. Und das ist die einzige Regel, die ich hier als solche formulieren möchte. Wer diese Regel nicht befolgt, indem er sich auf seinen bisherigen Erfolgen ausruht, Entwicklungen verschläft und ohne hellsehende Mitarbeiter verloren ist, geht unweigerlich unter.

2

Führungsanspruch

Warum ein Rudel ohne Alphawolf kein Rudel ist

Endlich ist es Sommer. Jetzt, am frühen Morgen, ist die Luft noch kühl und frisch. Ein Rudel Timberwölfe liegt auf seinem angestammten Ruheplatz in der schützenden Deckung am Rand eines weiten Waldes. Die Gipfel der Berge dahinter strahlen schon hell in der Morgensonne. Vor Kurzem erst ist dort der letzte Schnee getaut. Der kleine Fluss am Rande der Lichtung führt viel Wasser. Am Abend zuvor war das Rudel von einer langen Pirsch durch sein Territorium zurückgekehrt. Nun sind die Tiere ausgeruht und wachen langsam auf. Sie begrüßen sich in einer regelrechten Zeremonie – wie jeden Morgen. Beschnüffeln sich, winseln leise und in hohen Tönen, streifen aneinander vorbei. Ihr Fell knistert. Sie strecken und dehnen ihre Beine, die noch ein bisschen steif von der Nacht sind. Ihre gesenkten Ruten schwingen hin und her, als sie sich um den Alpha versammeln. Es sieht fast so aus, als steckten sie die Köpfe im Gespräch zusammen.

Später, am Nachmittag, ruhen dann einige Wölfe entspannt auf einer kleinen Anhöhe. Sie dösen vor sich hin. Wenn der Wind in die Blätter fährt oder ein Zweig im Unterholz knackt, heben sie aber sofort die Köpfe, sind hellwach und aufmerksam. Eine der Fähen (Weibchen) läuft unruhig zwischen den Tieren hin und her. Am Fuße der kleinen Anhöhe liegt hinter ein paar Sträuchern der Zugang zur Welpenhöhle verborgen. Ein paar Meter davor machen sich die drei Welpen des Rudels an einem dicken, von einem Baum abgebrochenen Ast zu schaffen. Sie sind etwas mehr als zwei Monate alt. Sie verbeißen sich in dem dicken Ast, versuchen, ihn wegzuzerren. Der Vorwitzigste der drei balanciert auf dem Ast und springt von oben auf seine Geschwister. Die drei kneifen und zwicken sich ständig. Ihr Geknurre klingt schon richtig erwachsen. Dicht bei ihnen liegt eine der jungen Fähen. Sie beobachtet den Nachwuchs aufmerksam. Sobald sich die Welpen in ihren Balgereien und Spielen zu weit von ihrer Höhle entfernen, gebietet sie Einhalt. Sie stupst die Kleinen mit ihrer Nase in Richtung Höhle. Wird einer gar zu übermütig, packt sie ihn im Nacken und trägt ihn zurück.

Jeder an seinem Platz, jeder in seiner Rolle

Zum Rudel gehören zehn Wölfe. Mit Ausnahme einer Fähe sind alle Nachkommen des Alphapaares, das oben auf dem Hügel in der Sonne döst. Die beiden sind die ältesten Tiere des Rudels, ungefähr sechs Jahre alt, eng miteinander verbunden – für einen gewissen Zeitraum. Rivalität ist diesen beiden fremd, sie unterstützen sich, jeder in seiner Rolle: Der Alpharüde steht an erster Stelle der männlichen Tiere des Rudels und sorgt für den großen Überblick – im Gelände, bei der Jagd und in Ruhephasen. Er ist ein mittelgroßer, kompakter Wolf. Sein graues Fell ist unterbrochen von einem markanten dunklen Streifen auf dem Rücken.

Der Alpharüde ist der große „Socializer" im Rudel. Kein anderer hat ein so starkes Interesse an einem friedlichen und harmonischen Zusammenleben wie er. Auf seine Initiative gehen die vielen Zusammenkünfte des Rudels zurück, die Begrüßungen, die den Zusammenhalt des Rudels stärken,

Aggressionen abbauen und eine entspannte Stimmung schaffen. Er ist Entscheidungsträger, Initiator, Aufpasser und Beschützer des Rudels. Gegen Eindringlinge von außen ist der Alpha jedoch aggressiv – vor allem wenn sein Rudel groß genug ist. Jeder neu hinzukommende Wolf stellt dann eine potenzielle Gefahr für seine Position dar, die er von vornherein beseitigen will.

Die Alphafähe ist die Anführerin der übrigen Fähen. Sie ist dabei für das gesamte Rudel durchaus tonangebend und schlägt meist die Richtung ein, in die die Jagd gehen soll. In diesem Rudel hat sie sogar oft die höchste Position und ist dann die unbestrittene Anführerin – dies nicht zuletzt deswegen, weil sie diejenige ist, die zur Ranzzeit (Zeit der Paarung) am aggressivsten ist. Sonst würde sie es auch nicht schaffen, ihren Alleinanspruch auf Mutterschaft durchzusetzen. Sie hält sich schon sehr lange auf ihrer Position – länger als der Alpharüde an ihrer Seite. Väter, Beschützer und Ernährer ihres Nachwuchses wurden auch schon von ihrer Position im Rudel vertrieben. Die Alphafähe ist etwas dunkler als der Alpharüde, schmaler, hochbeiniger. An Ausdauer ist sie ihm überlegen: Bei der Jagd übernimmt sie oft die Rudelführung, wenn der Alpharüde nach den ersten Attacken schon geschwächt ist.

Etwas abseits liegt der Betawolf. Er ist ein tiefschwarzes Tier von beeindruckender Kraft und Größe, in der er den Alpha übertrifft. Er hat den Kopf erhoben, seine bernsteinfarbenen Augen schauen aufmerksam auf die Szenerie. Er ist ein hervorragender Sprinter und ein schneller Angreifer bei der Jagd. Zwischen den beiden ranghöchsten Rüden des Rudels besteht eine enge Bindung. Der Alpha schützt den Beta, genau so, wie der Beta den Alpha schützt – und das ist auch oft genug nötig, denn der schwarze Betawolf muss viel aushalten: Wenn die

jüngeren Wölfe um einen höheren Platz im Rudel kämpfen, toben sie sich erst einmal an ihm aus. An den Alpha wagen sie sich nicht gleich heran. Der Beta muss sich also gegen die jüngeren Wölfe behaupten, sich aber gleichzeitig bemühen, seine Anwartschaft auf den Alphaposten nicht zu verlieren – ein Balanceakt, immer wieder.

Rüde 3 ruht neben dem Betawolf. Wenn er wach und aufmerksam wäre, wüsste er das gut zu verbergen: Er liegt auf der Seite, seine Augen sind geschlossen und er hat sich eng an einen Stein geschmiegt, fast so, als würde er ihn umarmen. Sein noch struppiges Fell weist ihn als ungefähr einjähriges Tier aus. Seine Schnauze ist sehr hell, erst über den Augen geht sein Fell in ein helles Braun über. Sein Kopf ist in der Mitte von einem deutlichen schwarzen Streifen wie in zwei Hälften geteilt.

Er ist ein Jagdgefährte, läuft im Rudel mit und ist ein Spezialist für das Anpirschen an die Beute geworden. Seine Stellung ist die eines Subdominanten – geprägt von widerstreitenden Tendenzen: Bleibt er im Rudel, hat er keine Chance, selbst Nachwuchs zu zeugen und aufzuziehen. Verlässt er das Rudel, sind seine Chancen, zu überleben, nicht sehr groß. Im Rudel kann er nur bleiben, wenn er eine höhere Position unter den Wölfen einnimmt und die allgemeine Stimmung gut ist. Kämpft er jedoch um einen höheren Platz im Rudel, nehmen die Aggressionen zu, was wiederum nicht gut für die allgemeine Stimmung ist. Bleibt er im Rudel, ist seine Ernährung zwar gesichert, es sinken jedoch die Chancen, einen Partner zu finden und selbst ein Rudel zu gründen. Eine Zwickmühle, und zwar in mehr als nur einer Hinsicht.

Hinter dem Stein – Fähe 2. Zu den auf der Anhöhe ruhenden restlichen Wölfen hat sie eine abseitige Position und macht

so einen schüchternen, zurückhaltenden Eindruck. An der Welpenaufzucht beteiligt sie sich kaum. Sie spielt nicht mit den Jungtieren. Hat das noch nie getan. Auch nicht mit den anderen Wölfen. Sie scheint zu keinem der anderen Tiere eine starke Bindung zu haben. Sie ist die Schwester des Betawolfs, unterscheidet sich jedoch in ihrer Art sehr von ihm. Bei der Jagd beweist sie regelmäßig ihre Qualität als Marathonläuferin, sie ist beharrlich und agiert niemals unbesonnen oder voreilig, sondern immer ruhig und bedacht. Auch sie gehört zu den subdominanten Wölfen im Rudel. Sie macht immer wieder Ausflüge, allein, stundenlang.

Fähe 3: Sie ist die Einzige im Rudel – außer den Welpen –, die sich bewegt anstatt zu ruhen. Sie sucht immer neugierig den Körperkontakt zu allen Rudelmitgliedern, die sich mitunter ungeduldig von ihr abwenden. Auffallend demütig ist sie gegenüber dem Alphawolf. Ihm nähert sie sich mit eingeklemmter Rute und in geduckter Haltung. Sie ist das einzige Tier, das nicht zur Familie gehört. Das Rudel nahm sie vor einiger Zeit auf, als sie aus den Wäldern auftauchte und Anschluss suchte. Sie ist groß und hat stark ausgeprägte Muskeln. Bei der Jagd läuft sie mit, ausdauernd und schnell.

Fähe 4 ist zurzeit die „Welpensitterin“. Sie bleibt immer bei ihnen, in der Nähe der Höhle. Selbst wenn die anderen Wölfe bei der Jagd sind. Auch die anderen Wölfe des Rudels kümmern sich um den Nachwuchs, bringen ihnen Futter oder beschützen sie. Aber seit der Nachwuchs nicht mehr von seiner Mutter gesäugt wird, hat Fähe 4 so etwas wie die Hauptaufsicht über die Welpen übernommen. Sie begleitet die drei auf kleineren Ausflügen. Droht Gefahr – zum Beispiel ein Bär, der es auf die Wolfskinder abgesehen hat –, bringt sie ihre Schützlinge in eine zweite Höhle, die die Welpenmutter in der Zeit ihrer Trächtigkeit angelegt hat.

Welpe 1 ist immer in Bewegung. Er läuft als Erster und immer am weitesten weg, beschnüffelt neugierig alles, was ihm auffällt, was er noch nie gesehen hat, was sich bewegt. Er beißt selbst an Steinen herum, verwickelt sich in Kämpfchen mit herumliegenden Knochen und trägt hocherhobenen Hauptes Äste weg, die dreimal so lang sind wie er. Welpe 2 und 3 sind da anders gestrickt: Kleiner und magerer als Welpe 1, wie sie sind, brauchen sie mehr Ruhe als ihr Bruder und sind auch nur halb so rauflustig.

Gegen Abend wird der Alphawolf unruhig. Er steht auf, schüttelt sich, läuft zwischen den Rudelmitgliedern hin und her, die sich ebenfalls nach und nach erheben. Kurz danach trottet er zielstrebig Richtung Wald. Am Waldrand hält er noch einmal inne und schaut sich nach seinem Rudel um. Fast alle sind ihm gefolgt. Sogar der kleine Welpe 1, angesteckt von der Aufbruchsstimmung. Fähe 4 ist natürlich sofort zur Stelle und bringt ihn zurück auf den Platz vor der Höhle. Das Rudel bricht zu einer neuen Wanderung auf.

Wir brauchen keinen Chef! – Brauchen wir keinen Chef?

„Ohne Chef wären wir besser dran, dann könnten wir wenigstens in Ruhe unsere Arbeit tun!“, mag so mancher leidgeplagte Angestellte stöhnen. Aber ein Unternehmen ohne Chef wäre wie ein Wolfsrudel ohne Alpha. Es wäre gar kein Unternehmen mehr, sondern ein unkoordinierter Haufen. Jeder verließe sich auf den anderen („Der Maier wird's schon richten, wie immer, der braucht das!“). Aktionen liefen unabgestimmt, und wenn etwas schief ginge, wären es sowieso immer die anderen gewesen. Genau aus diesem Grund ist auch die Zahl der selbst verwalteten Kollektive, die erfolgreich operieren, so gering. Ich kenne jedenfalls keins.

In einer Gruppe, in einem Sozialverband, in einem Unternehmen muss es eine Alpharolle geben. Ihr Inhaber legt das Ziel fest und stimmt die Aktionen der einzelnen Mitglieder aufeinander ab, damit kein heilloses Durcheinander entsteht und das gemeinsame Ziel so effizient wie möglich erreicht werden kann. „Ziel“ hört sich jetzt vielleicht ein bisschen prosaisch an. Mit „Ziel“ meine ich: ein sinnvolles Ziel. Eines, für das es zu kämpfen lohnt. Das Begeisterung weckt. Das Menschen dazu bringt, über sich selbst hinauszuwachsen. Oder sich zumindest mal etwas aus dem Fenster zu lehnen.

Doch ein Ziel allein reicht noch nicht, um ein Team erfolgreich zu machen. Es bedarf einer Person, die alle erforderlichen Rollen mit den entsprechend qualifizierten Mitarbeitern ausstaffiert. Und selbst wenn das erfolgreich gelingt, ist es immer noch nicht genug. Entscheidend ist: Führen und Folgen finden in einem fein austarierten System statt, das von Vertrauen und Angstfreiheit geprägt ist. Und die jeweiligen Rollenträger nehmen ihre Rolle an und akzeptieren sie. Selbst wenn diese Rolle am unteren Ende der Rangfolge angesiedelt ist. Für den Moment. Das kann sich ja auch jederzeit wieder ändern.

Die eigene Rolle anzunehmen – gut und schön. Wenn der Chef in seiner Rolle nicht akzeptiert wird, nützt alles andere nicht viel. Weil er das Ziel des Teams und der gemeinsamen Arbeit verkörpert. Wenn die Rudelwölfe ihrem Alpha seine Rolle nicht zugestehen würden, würde sich das gesamte System Wolfsrudel in endlosen Rangkämpfen aufreiben und hätte nicht mehr genug Energien für die Jagd. Wenn Mitarbeiter nicht akzeptieren, dass ihr Chef der Chef ist, sondern ihn für eine Witzfigur halten, die man nicht weiter ernst nehmen sollte, ist das Scheitern der Zusammenarbeit nur noch eine Frage der Zeit. Und so hat auch das Unternehmen keinen Erfolg.

Eindrucksvoll erlebte ich das einmal in einem mittelständischen Unternehmen, das sich auf die Herstellung von Convenience-Food spezialisiert hatte. In der Einkaufsabteilung spielte sich etwas sehr Typisches ab: Der Abteilungsleiter verließ das Unternehmen und eine der Mitarbeiterinnen des Teams wurde zur Abteilungsleiterin befördert. Ein bisschen gegen ihren Willen. Denn sie war eine eher schüchterne Person und hatte kein ausgeprägtes Durchsetzungsvermögen. Das Wichtigste für sie war immer die gute Stimmung im Team. Hauptsache kein Streit!

So lässt sich ein Team aber nicht führen. Die mangelnde Autorität der neuen Abteilungsleiterin drückte sich mitunter ziemlich grotesk aus: Wenn sie mit ihren Mitarbeitern Kritikgespräche führen wollte, brachen diese oft das Gespräch ab, verließen den Raum und ließen ihre Chefin einfach stehen! In der Abteilung ging es bald drunter und drüber. Jeder machte, was er wollte. Aus Angst vor weiteren Auseinandersetzungen wagte es die Abteilungsleiterin nicht, auf Absprachen zu pochen. Die Arbeitsergebnisse ließen zu wünschen übrig. Vorgaben wurden nicht erreicht. Irgendwann hagelte es Rüffel von der Unternehmensführung. Erst nachdem die neue Abteilungsleiterin mehrere Gespräche mit ihrem eigenen Vorgesetzten geführt und außerdem mehrere Sitzungen bei einem Coach absolviert hatte, verbesserte sich ihr Auftreten und sie wuchs langsam in ihre Führungsrolle hinein.

Auch Thomas Middelhoff musste als damaliger Vorstandsvorsitzender der Bertelsmann AG schmerzhaft lernen, dass ein Chef ohne die Anerkennung seiner Rolle durch die Mitarbeiter kein Chef ist – und das trotz seiner überragenden Qualifikationen und einer bis dahin glänzenden Karriere. Er stolperte schließlich vordergründig über Auseinandersetzungen mit dem Bertelsmann-Patriarchen Reinhard Mohn. Mit dem

stritt er sich ausdauernd über langfristige Perspektiven von Bertelsmann, vor allem über den angestrebten Börsengang. Mohn drückte in den Streitereien aber lediglich das aus, was alle Mitarbeiter des Konzerns dachten und was anzuerkennen sich Thomas Middelhoff weigerte: Sein Tempo war den Leuten zu schnell.

Bei der Umbildung vom gefühlten Buchclub zu einem internationalen Medienkonzern vergaß Middelhoff, die Mitarbeiter mitzunehmen. Einige seiner strategischen Entscheidungen, wie die Beteiligung an AOL und an der Musiktauschbörse Napster, gerieten zu einem Desaster, das den Konzern noch heute belastet. „Führung durch Vorbild" ist die Firmendevise des Bertelsmann-Konzerns. Thomas Middelhoff hat das in seinen Bertelsmann-Zeiten nicht gelebt. Aber anscheinend doch gelernt. Denn heute, in seinem neuen Job als Vorstandsvorsitzender von Arcandor – bis vor Kurzem noch KarstadtQuelle genannt –, will er wissen, was seine Leute denken: Er ist für jeden Mitarbeiter direkt per E-Mail erreichbar, auf Wunsch sogar anonym.

Wölfe akzeptieren ihren Alpha, weil sie in jeder Situation erleben: Er bietet in der Summe die besten Eigenschaften, um das Rudel zu schützen, es zu ernähren und zu erhalten. Ist dieser Nutzen nicht mehr erlebbar, wird der Alpha durch einen anderen ersetzt, der sich besser behaupten, seine positiven Eigenschaften besser einsetzen und dem Rudel den größeren Nutzen bieten kann.

Das bedeutet: Einen geborenen Alpha gibt es nicht! Das Vorrecht auf die erste Position in der Rangordnung wird auch nicht lebenslang beibehalten, sondern nur so lange, wie es dem Rudel tatsächlich nützt. Ändern sich die Lebensbedingungen oder die Rudelzusammensetzung, kann es passieren, dass die

bis dahin hervorragend nützlichen Eigenschaften eines Alphas plötzlich nicht mehr gefragt sind. Dann wird ein anderes Tier den Platz des Alphas einnehmen. Das ist nicht erbarmungslos, sondern bloß effektiv – für das Überleben des Gesamtsystems, und ausschließlich darum geht es. Nicht um die Erhaltung irgendwelcher Pfründe oder Erbpachten. Auch das könnte sich so manche Führungskraft abschauen, die sich für den geborenen Anführer hält und als lebendigen Ausdruck dessen Bilanzen fälscht, Kunden besticht, Mitarbeiter anschreit und Frau und Kinder vernachlässigt.

Was ein Dienstwagen mit Beute zu tun hat

Ohne fähiges und verlässliches „Personal" geht es auch bei Wölfen nicht: Ein Alphawolf kann bei der Jagd nicht an allen Stellen gleichzeitig sein, nach dem Rechten sehen und irgendwelche Entscheidungen treffen. Von den Wölfen führen lernen heißt in erster Linie delegieren. Der Alphawolf delegiert erst einmal an den Betawolf, und zwar die Rolle des „Bad Cops", des harten Umsetzers. Der Alpha kuschelt, der Beta knurrt. Und ist im Rudel entsprechend unbeliebt. Wenn einer vermehrt Aggressionen der anderen Rudeltiere abkriegt, dann er.

Manager der mittleren Führungsebene werden die Betarolle nur allzu gut kennen! Die Anweisungen werden von oben heruntergereicht – durchsetzen darf man sie dann selbst. Und sich herumärgern mit den Erwartungen und Maulereien der Mitarbeiter. Eine undankbare Sandwich-Position. Die Anforderungen an die Abteilungsleiter sind dabei extrem hoch: Sie brauchen ebenso viel Führungskompetenz und Sensibilität wie ihr Chef, und das nicht nur in eine Richtung, sondern in zwei: Sie müssen das Gesamtsystem durch zwei Brillen betrachten

können – einmal durch die Brille der Mitarbeiter und einmal durch die Brille der Unternehmensleitung. Ihren Chef müssen sie mitunter davon überzeugen, dass seine Anweisungen völlig überzogen, unrealistisch und überhaupt nicht vermittelbar sind. Und den Mitarbeitern dürfen sie beibiegen, dass die nicht zum Spaß unterwegs sind, sondern Lohnsenkungen ebenso hinnehmen müssen wie eine Verlängerung der Wochenarbeitszeit.

Ein Alphachef kann seinem Betamanager aber durchaus deutlich machen, wie wichtig er ist. Und warum er ein Erfüllungsgehilfe im besten Sinne ist: Er trägt dafür Sorge, dass die Dinge, die den Alphachefs wichtig sind, in der Breite umgesetzt werden können. Ein Alphachef geht mit seinen Betamanagern einerseits partnerschaftlich, aber dann auch wieder distanziert genug um – wobei er immer die richtige Balance zwischen Nähe und Distanz findet. Er vermittelt ihnen jedoch auf keinen Fall das Gefühl, dass sie ihn auf irgendeine Art und Weise in der Hand haben oder gar unentbehrlich sind. Die Beziehung ist so gestaltet, dass die Betamanager von sich aus aktiv werden und nicht vom Alphachef angetrieben werden müssen. Und ähnlich wie bei den anderen Rollen funktioniert das auch hier über die Belohnung der Mühen. Die Betas dürfen nach dem Alpha an die Beute, sprich: Sie haben den zweitgrößten Dienstwagen.

Dieter Zetsche und Wolfgang Bernhard waren zu ihrer Zeit bei Chrysler in Detroit ein beinahe prototypisches Duo aus „Alpha- und Betawolf“. Zetsche als Socializer, beliebt bei der Belegschaft, bescheiden, interessiert an den Werksarbeitern, immer mitten unter ihnen. Und Bernhard, der grimmige Mann fürs Grobe, ein erbarmungsloser Kostendrücker und Rationalisierer. Zetsche wäre ohne ihn alles Mögliche gewesen. Aufgeschmissen. Allein. Hilflos. Aber kein Alpha.

Wenn man als Führungskraft neu in ein Unternehmen kommt, ist es vielleicht die heikelste Aufgabe, einen guten Betamann zu finden. Im Frühsommer 2007 befindet sich der neue Siemens-Chef Peter Löscher in dieser Situation. Als nahezu Unbekannter soll er den Weltkonzern steuern, 475.000 Mitarbeiter lenken und das Unternehmen auch noch aus einer Schmiergeldaffäre führen. Und das alles ohne Hausmacht, ohne Netzwerk. Wenn er bei den Wölfen in die Lehre gegangen ist, dann wird er in den nächsten Monaten erst einmal damit beschäftigt sein, Kaffee zu trinken. Mit den Siemens-Managern. Um Allianzen zu schmieden. Ein Netzwerk zu etablieren. Herauszufinden, auf wen er sich verlassen kann. Und sich dann entscheiden, wer sein Mann fürs Grobe wird.

Der Kummer der Fachkräfte ist unberechtigt

Aufgaben zu delegieren hört aber nicht beim Betawolf auf. Auch die Aufzucht und Ausbildung des Nachwuchses delegiert der Alphawolf. Hier – beim Schutz der Welpen – vertraut er ganz auf die Fähigkeiten und vor allem die Motivation seiner „Fachkräfte“: der Welpensitterin und der anderen Wölfe, die sich immer wieder um den Nachwuchs kümmern. Deren Aufgabe ist es, die Welpen zu echten Wölfen zu machen. Wären sie in einem Unternehmen angestellt, dann würden ihre Rollen dafür sorgen, dass das Unternehmen im Inneren eine gute Atmosphäre hat. Dass die Dinge an den Nachwuchs weitergegeben werden, die für das Überleben des Unternehmens wichtig sind. Hier geht es um eine gesunde Mischung aus Aktivität und Bewahren von erfolgreichen Konzepten und Ideen.

Weil der Alpha eben der Alpha ist, weiß er auch im Falle der Welpensitterin: Sie nimmt ihre Aufgabe unaufgefordert wahr.

Sie tut das nicht, weil der Alpha ihr in einer Sitzung hinter verschlossenen Türen Konsequenzen angedroht hätte. Bei Weitem nicht. Ein Alpha treibt sein Rudel schließlich nicht von hinten an. Die Fähe übernimmt ihre Aufgabe eigenverantwortlich, weil sie sowohl über eine innere Motivation (ihr eigener Überlebenswille, der letzten Endes der Überlebenswille des gesamten Systems ist), aber auch über eine äußere Motivation verfügt: Schließlich winkt am Ende ein saftiges Beutetier.

Den subdominanten Wölfen im Rudel entsprechen die Fachkräfte in den Unternehmen. Sie erledigen die eigentlichen Aufgaben auf der operativen Ebene. Und grämen sich manchmal, weil sie scheinbar nicht wichtig genug sind. Manch einer versucht aufzusteigen – was ihm oft misslingt, vielleicht weil ihm tatsächlich die Führungsqualitäten fehlen oder weil gerade keine Führungsposition verfügbar ist. Also sucht er sein Heil in einer Fachkarriere. Baut sein Expertentum aus. Macht sich damit unentbehrlich. Und verbaut sich immer mehr die Chance, in eine Managementposition vorzustoßen.

Aber: Grund zum Grämen gibt es eigentlich nicht. Denn der Wert der Fachkräfte im Hinblick auf die Erfüllung der Gesamtaufgabe – rentabel wirtschaften – ist mindestens genauso hoch wie der der Führungskräfte. Denn was wäre der Geschäftsführer eines Maschinenbauunternehmens ohne seine Konstrukteure? Alles Mögliche, aber mit Sicherheit kein Chef. Was wäre ein Alphawolf ohne seine subdominanten Wölfe, die ihre Aufgaben übernehmen – sich an die Beute heranpirschen, Welpen großziehen, das Rudel bewachen? Ein einsamer Wolf. Ohne große Überlebenschance.

Die Aufgabe des Alphachefs ist es, seinen Fachkräften zu kommunizieren, dass ihr Beitrag zum Gelingen des großen Ganzen

kein geringer ist. Dass er nicht nur die Mitarbeiter schätzt, die auf einer hierarchisch hohen Position sitzen, sondern auch die, die mit ihrem Fachwissen zum Erfolg des Unternehmens beitragen. Und diese Aufgabe bewältigt ein Alphachef so: Er geht auf seine Fachkräfte zu und hält aktiv den Kontakt zu ihnen. Immer. Und er prüft, ob er ihnen einen größeren Brocken der Beute zukommen lässt. Wo steht geschrieben, dass nur Manager Privilegien in Form von Dienstwagen, Businessclass-Tickets und Boni bekommen dürfen? Und nicht auch Ingenieure oder Laborleiter?

Einsame Wölfe gibt es nur im Märchen

Wer führen will wie ein Alpha, kann sich noch etwas anderes von den Wölfen abschauen: die Doppelspitze. Dem Alphawolf ist die Alphafähe an die Seite gestellt – oder er ihr, je nach Sichtweise. Ein Alphachef vertraut also durchaus auf die kongenialen Fähigkeiten eines ihm gleichgestellten Managers. Dass wir uns nicht falsch verstehen: Ich spreche hier keinesfalls von Chef-Klonen, bequemen Schmeichlern oder Jasagern. Sich solche Mitarbeiter ins Haus zu holen, ist eine verhängnisvolle Tendenz vieler Möchtegern-Führungskräfte. Persönliche Weiterentwicklung und unternehmerischer Erfolg werden so ausgeschlossen, denn da gibt es kein Korrektiv. Wer sich was traut, holt sich jemand ins Team, der unbequem ist, einem so richtig die Meinung geigt, konstruktiv kritisiert und vor allem – Stärken auf einem gänzlich anderen Gebiet hat. Nur so entsteht Energie für dauerhaften Erfolg.

Beim Computerhersteller Dell waren Michael Dell und Kevin Rollins als kongeniales Führungsduo lange Jahre erfolgreich. Sie arbeiteten zusammen, und das heißt: in einem Raum. Sie redeten jeden Tag miteinander, stimmten sich ab, diskutierten,

marschierten gemeinsam. Brachten den Konzern nach oben. Dann gab Michael Dell 2004 die Führung ganz an Kevin Rollins ab. Das war keine gute Idee. Denn Anfang 2007 musste Michael Dell seinen ehemaligen Mitstreiter Rollins aus dem Unternehmen komplimentieren: Bilanzierungsfehler, Beweise für Fehlverhalten und Mängel im Finanzkontroll-Umfeld waren die Ursache. Aber nicht nur das: Dell hatte seine führende Position auf dem Markt verloren und wurde vom Konkurrenten Hewlett-Packard überrundet. Michael Dell versucht jetzt, sein Unternehmen wieder auf Vordermann zu bringen. Allein. Ob diese Idee besser ist?

Larry Page und Sergey Brin, die beiden Gründer von Google, waren und sind schlauer: Sie halten zusammen wie Pech und Schwefel. Und ergänzen sich in ihren Eigenschaften und Arbeitsbereichen bestens. Larry Page, der Google-Produktchef, ist ein introvertierter, nachdenklicher Typ, während sein Partner, Technologiechef Sergey Brin, agil und temperamentvoll nach außen geht. Die beiden pflegen einen lebendigen und fruchtbaren Austausch – und auch Auseinandersetzungen. Das erwarten sie ebenso von ihren Mitarbeitern.

Wer auf die Institution Doppelspitze noch eins draufsetzen will, nimmt sich ein Beispiel am Alphawolf und sorgt dafür, dass die Doppelspitze aus Frau und Mann besteht. Zickenalarm? Stutenbissigkeit? Ach, kommen Sie! Das haben wir doch längst hinter uns.

3
Stil
Warum aggressive Alphas keine Zukunft haben

Ein trüber und verregneter Spätsommermorgen, irgendwo in den Wäldern Nordamerikas. Von der gerade aufgehenden Sonne ist nichts zu sehen – die Wolkendecke ist zu dicht. Starker Wind drückt die Wipfel der hohen Kiefern fast zu Boden. Kleine Bäche aus Regenwasser fließen über die großen Felsbrocken, die im Wald verstreut liegen, als hätte ein Riese sie achtlos hineingeworfen. Zwischen den Felsen windet sich ein kleiner Fluss, dessen Gluckern sich mit dem Geräusch des Regens zu einem stetigen Rauschen vereint. Nirgends ist eine Spur menschlichen Daseins zu sehen, keine Straßen, Wege, Hütten oder Häuser, nichts. Die nasse Stille ist dicht und greifbar. Das ist die Wildnis.

Und doch gibt es Leben. Am Rande einer kleinen Lichtung, zwischen den Felsen, lagert das Wolfsrudel. Atem dampft aus den Mäulern der Tiere. Ihr Fell ist nass. Nicht weit entfernt: aufgewühlter und von Blut verfärbter Boden. Hier zeugt der Kadaver eines jungen Elchs von der erfolgreichen Jagd des Rudels. Die Jagd war anstrengend, dieses Mal. Mehrere Tage lang hatte das Rudel eine Elchkuh und ihr Junges belauert, bevor es ihm gelungen war, die beiden zu trennen und das Jungtier zu reißen. Nun ruhen sich die Wölfe von der Jagd aus.

Sie lagern friedlich zwischen den Steinen, zu zweit, zu dritt beieinander. Zwei der Welpen sind in eine spielerische Ran-

gelei verwickelt, sie purzeln als ein knurrendes Knäuel umher. Eine Wölfin säubert ihre Schnauze und ihre Läufe von den letzten Spuren des Elchbluts. Die meisten Tiere dösen, zusammengerollt, um sich besser gegen den Regen zu schützen. Hin und wieder steht einer der Wölfe auf, schlendert zu einem Rudelmitglied, stößt es sanft mit der Schnauze an, berührt das Fell des anderen. Ruhe und Kraft liegen über der Szene.

Mitten unter ihnen: der Alphawolf, der Vater des Rudels. Auch ihm nähern sich die Rudelmitglieder ab und zu – die Ruten zwischen die Hinterbeine geklemmt, in leicht geduckter Haltung. Sie kommen, um ihrem Anführer die Schnauze zu lecken. Mit geschlossenen Augen und leicht geöffnetem Maul nimmt der Alphawolf die respektvollen Grüße seines Rudels entgegen.

Ruhe, Routine, Rituale

Auch in Unternehmen gibt es sie: Phasen, in denen Ruhe herrscht, Routine, normales Tagesgeschäft. Weder stehen Umbrüche noch Entlassungen oder die Übernahme durch einen anderen Konzern an. Es ist Alltag: Zeit für Rituale, Treffen mit Kollegen, ein Flurgespräch mit dem Chef. Man lässt das erfolgreich abgeschlossene Projekt Revue passieren. Der Projektleiter verteilt und bekommt Feedback. Lob und ein bisschen Tadel machen die Runde, anschließend klopfen sich alle wohlwollend auf die Schulter. Pläne werden geschmiedet, Strategien entworfen, manches wandert direkt in den Papierkorb, anderes auf den Tisch des Chefs, der schulterzuckend denkt: „Warum nicht?! Probieren wir es einfach aus!“ Die Stimmung: entspannt und gelöst.

Auch wenn solche Phasen nach Laisser-faire oder bloßer Statuspflege in der Komfortzone aussehen: Dieser Eindruck

täuscht! Hier wird nicht gebummelt, sondern Kraft getankt für die nächste Runde im Kampf um bessere Produkte, höhere Umsätze und mehr Rendite.

Leider haben nicht alle Chefs die Ruhe weg. Wir kennen sie: diese – auch in ruhigen Zeiten – stets im Sturmschritt und mit unzugänglicher Miene durch die Flure eilenden Führungskräfte. Sie brauchen Krisensituationen, um zur Höchstform aufzulaufen. Und da gerade keine Krise in Sicht ist, inszenieren sie schnell eine. Denn nur dann können sie ihren Führungsanspruch beweisen. Dass sie damit lediglich sich selbst und andere verschleißen – egal!

Haben Sie sich schon einmal die Fluktuationsrate eines Unternehmens angeschaut, hinter dem eine mehrmonatige Phase der feindlichen Übernahme liegt? Dann wissen Sie, dass selbst ganze Organisationen verschlissen werden können, wenn sie immer am Rand der Leistungsfähigkeit agieren. Das würde den Wölfen nicht anders gehen: Dauerte eine Hochaktivitätsphase wie die Jagd, in der schnelle Aktion und körperliche Fitness gefragt sind, zu lange an und wäre nicht von Pausen unterbrochen, würden sich die Tiere völlig verausgaben und einige von ihnen wohl sterben. Das Rudel braucht Zeit, um sich zu erholen. Sonst könnte es sich nicht regenerieren und müsste geschwächt zur nächsten Jagd aufbrechen. Der Misserfolg wäre programmiert, das Überleben des Rudels in Gefahr.

Betreten erlaubt!

Doch was bleibt einer Führungskraft in Ruhephasen übrig, wenn sie auf das Repertoire der Kriseninszenierung nicht zurückgreifen will, um klarzustellen, wo oben und unten ist? Was macht den Chef zum Chef? Der Blick auf das Wolfsrudel gibt eine Antwort: Der Alphawolf ruht inmitten des Rudels, zwar mit gebührendem Abstand, aber dennoch deutlich erkennbar unter den anderen Tieren. Und deswegen ist das Rudel ein so gut funktionierender Verbund: Die Wölfe kommunizieren auf unterschiedlichen Wegen permanent untereinander und mit ihrer „Führungskraft". Klar und eindeutig. Die Tiere des Rudels schauen einander an, suchen den Körperkontakt. Ihre Haltung drückt aus, welche Position sie innerhalb des Rudels und zueinander einnehmen. Ihr Mienenspiel ist so differenziert, dass sie erkennen, wie sich ihr Gegenüber fühlt, was es auslösen will. Ob Aufbruchsstimmung herrscht, ob Ruhe gefragt ist.

Auch ein Alphachef ist nah an seinen Mitarbeitern – meistens zumindest. Wie sein „Kollege", der Alphawolf, gibt er klare Signale. Seine offene Bürotür sagt: „Betreten erlaubt! Reden Sie mit mir, erzählen Sie mir was, halten Sie mich auf dem Laufenden!" Weil ein Alpha aber kein Alpha wäre, wenn er sich nicht manchmal ebenso klar abgrenzte, darf an seiner Tür auch dieses Schild hängen: „Wagen Sie es nicht, mich von der Arbeit abzuhalten!" Diffuse Situationen und verwirrte Mitarbeiter, die nicht wissen, wann sie zu ihrem Chef kommen können und wann nicht, nützen niemandem etwas. Klare visuelle Signale, klare verbale Kommunikation dagegen schon.

Der Körper lügt nicht

Wölfe kommunizieren nicht nur über das Mienenspiel. Körperkontakt gehört genauso zu ihrem Repertoire: Ein höher gestellter Wolf drückt einen unterlegenen Wolf zu Boden. Mit einem „Biss" über die Schnauze disziplinieren die älteren Wölfe die Welpen und Jungtiere. Der Alpha posiert über einem rangniederen Rüden. Die Rudelmitglieder lecken ihrem Anführer die Schnauze.

Auf den ersten Blick hat das mit dem Businessalltag wenig zu tun. Bei näherem Hinsehen aber doch: Ein „Kaminabend" im Anschluss an ein großes, abteilungsübergreifendes Meeting. Man trifft sich in lockerer Atmosphäre in der Bar eines gediegenen Hotels. Ein neu eintreffender Teilnehmer greift Halt suchend nach seinem Getränk, während er gleichzeitig den Raum nach wichtigen Gesprächspartnern absucht. Ist einer in der Menge ausgemacht, steuert er unauffällig auf ihn zu und gesellt sich zu dem Grüppchen, das ihn umgibt. In diesem Moment fällt eine Entscheidung: Ist er seinerseits so bedeutend, dass die wichtige Person das Gespräch unterbricht, in das sie gerade verwickelt ist? Den Neuankömmling per Handschlag begrüßt? Oder ist dieser so unbedeutend, dass seine Ankunft höchstens einen kurzen Blick und ein kleines Kopfnicken auslöst? Händeschütteln ist Körperkontakt, es drückt Zugehörigkeit und Nähe und damit die Position innerhalb der Rangordnung aus. Oder haben Sie schon einmal einen Vorstandsvorsitzenden gesehen, der einem kleinen unbedeutenden Sachbearbeiter die Hand gegeben hätte, einfach so?

Wenn dieser Vorstandsvorsitzende dann drei Tage später im Fernsehen den Sachbearbeiter und alle anderen Mitarbeiter als „sein wichtigstes Kapital" bezeichnet, ohne das der Erfolg des Unternehmens unmöglich sei, dann wissen Sie: Worte und Taten klaffen so weit auseinander wie der Grabenbruch in Afrika. Wer sich als Führungskraft körperlich abschottet, taugt nicht zum Alpha. Ein Alphawolf hält sich immer inmitten seines Rudels auf, er bringt sich niemals ins Abseits, weder bei der Jagd noch in Ruhesituationen. Ein Alphachef ist nicht nur während der Arbeit dicht bei seinen Mitarbeitern, sondern auch sonst in ihrer Nähe.

In einem mittelständischen Industrieunternehmen, in dem ich als Berater engagiert war, beobachtete ich einmal diese

Szene: In der Kantine, beim Mittagessen, saß mitten unter den mit ihren Blaumännern bekleideten Produktionsarbeitern der Seniorchef in Anzug und Krawatte und lachte gerade über eine Geschichte, die einer der Arbeiter erzählt hatte. „Unsere Juniorchefs machen das nicht mehr!", kommentierte der Projektleiter, der mit mir an einem Tisch saß. „Die reduzieren ihre Mitarbeiterpflege auf eine gönnerhafte, halbstündige Alibiveranstaltung pro Monat." Der Seniorchef mit Alphaqualitäten signalisierte dagegen durch seine körperliche und mentale Präsenz: „Ich bin mitten unter den Arbeitern und den leitenden Angestellten – genauso wie ein Alphawolf. Ich bin ansprechbar und nehme Anteil!"

Oder denken Sie daran, wo sich eine Führungskraft am Besprechungstisch hinsetzt. Besteht der Chef immer auf einer festen Position an der Schmalseite des Tisches, dann wissen Sie: Dieser Mensch wäre vielleicht gern ein Alpha, ist es aber nicht. Setzt er sich einfach zwischen seine Mitarbeiter, in bunter Reihenfolge, die von Sitzung zu Sitzung variiert, dann hat er seine Alphalektion gelernt. Ein Alpha geht mit seinem Rudel zur Jagd. Ein Alpha ruht inmitten seines Rudels, denn genau da gehört er hin. Und nur dort bekommt er auch sich anbahnende Konflikte mit.

Wenn aus Spaß plötzlich Ernst wird

Beim Wolfsrudel auf der Lichtung hat sich etwas verändert. Dem übermütigen Spiel der Welpen hatte sich Rüde 3 angeschlossen. Die beiden Welpen haben jetzt aber keine Lust mehr, beenden ihre Rangelei und schütteln die Regentropfen aus dem Pelz. Rüde 3 hat aber noch nicht genug. Nach einer kurzen Pause springt er auf und läuft nun mit selbstbewusst erhobener Rute zielstrebig auf den Betawolf zu. Das ältere

Tier bleibt ruhig liegen. Nur seine Augen folgen zunächst aufmerksam jeder Bewegung des herankommenden jungen Wolfs. Rüde 3 verringert den Abstand zwischen sich und dem Betawolf. Der hebt den Kopf, schaut Rüde 3 direkt an und erkennt jetzt: Das ist keine spielerische Annäherung mehr, sondern eine Herausforderung. Sein Blick geht zu den anderen Wölfen. Noch reagiert keiner.

Rüde 3 kommt immer näher. Der Betawolf spannt alle Muskeln an, um aufspringen zu können. Seine Ohren legen sich nach hinten, er zieht die Lefzen etwas hoch, das Fell um seine Nase kräuselt sich: „Sei vorsichtig!“, signalisiert diese angespannte Miene dem Herausforderer. Der kommt jedoch unverdrossen näher. Der Atem entweicht stoßweise aus seinem Maul.

Dann zögert er fast unmerklich. Er scheint selbst nicht zu wissen, ob das hier Spiel oder Ernst ist. Seine Rute senkt sich etwas. Er erkennt, dass sich die Situation auch für ihn unangenehm entwickeln könnte. Schließlich ist der Betawolf ein erfahrener und starker Wolf. Rüde 3 versucht, seine Kräfte und Erfolgschancen einzuschätzen.

Der Alphawolf hat die beiden Kontrahenten unterdessen keine Sekunde aus den Augen gelassen. Noch unternimmt er nichts, obwohl die aggressiv aufgerichtete Rute von Rüde 3 eindeutig ist.

Der ist mittlerweile zu dem Schluss gekommen, den Betawolf tatsächlich herauszufordern. Mit leicht abgesenkter Rute kommt er immer näher, rückt dem Älteren auf den Pelz. Der hat genug: Er springt auf und stellt sich in Position, um einen Angriff abwehren zu können. Sein Körper ist bis in die Spitze seiner waagrecht stehenden, schwarzen Rute angespannt, die Lefzen hochgezogen, seine Ohren aufgestellt, er fixiert den

Herausforderer. Rüde 3 steht jetzt einen halben Meter vor ihm. Der Betawolf fängt an zu knurren, sodass auch Rüde 3 eine sprungbereite Position einnimmt. Er spielt mit seiner Rute, richtet sie immer wieder auf. Er nimmt nichts mehr um sich herum wahr.

Mittlerweile hat sich die Spannung auf das Rudel übertragen. Die Wölfe geraten in Bewegung, stehen auf, schütteln sich die Tropfen aus dem Fell, nehmen Blickkontakt zueinander auf, schauen immer wieder zu den beiden Kontrahenten. Was passiert hier? Ist der Konflikt noch abzuwenden oder wird es gleich Ernst?

Der Alpha erhebt sich. Er will sich einen Überblick verschaffen. Einen Moment wartet er noch ab, dann geht er langsam auf Rüde 3 und den Betawolf zu, während er gleichzeitig das gesamte Rudel im Blick hat. Seine senkrechte Rute, die aufgestellten Ohren und seine aufrechte Haltung signalisieren: „Ich bin der Chef!"

In diesem Moment schnellt der Betawolf vor und springt Rüde 3 an, der von dem Angriff völlig überrascht ist und einen Moment lang in der schwächeren Position. Doch dann geht er zum Gegenangriff über: Er versucht den Betawolf in die Flanke zu beißen. Die beiden Wölfe jagen sich im Kreis. Zwar halten sie immer wieder inne, fixieren und taxieren sich, versuchen ihre Position und Kräfte einzuschätzen. Doch dann jagen sie einander weiter, das Tempo wird immer schneller, das Risiko, dass sie sich gegenseitig schwere Verletzungen zufügen, steigt.

Nun wird es dem Alpha zu bunt. Mit ein paar Sätzen überwindet er die Distanz zu den beiden kämpfenden Wölfen. Seine erhobene Rute und die gefletschten Zähne sind eindeutig: „Bis hierher und nicht weiter!" Rüde 3 und der Betawolf halten verblüfft und erschrocken inne. Sie fixieren sich noch einmal kurz und laufen dann endlich auseinander. Die Tiere des Rudels legen sich wieder hin. Der Betawolf läuft noch ein Weilchen unruhig hin und her und sucht sich dann ein Plätzchen hinter einem Felsen: Er will jetzt seine Ruhe.

Faszinierend ist das Verhalten des Alphawolfs: Obwohl er schon sehr früh merkt, dass sich ein Konflikt anbahnt, unternimmt er erst relativ spät etwas. Dabei erwischt er aber genau den richtigen Zeitpunkt, um in den Konflikt einzugreifen – bevor die beiden Kontrahenten sich ernsthafte Verletzungen zufügen und somit die Kraft des gesamten Rudels schwächen könnten.

Auch ein Alphachef tut genau das: Er agiert inmitten seiner Mitarbeiter und nimmt frühzeitig Konflikte, Stimmungen und Ängste wahr. Aufziehende Probleme erkennt er deshalb schnell und wendet eventuell daraus entstehenden Schaden von der Organisation ab. „Habe ich das nötig, mich auch noch mit den Befindlichkeiten der Sachbearbeiter herumzuschlagen?", mag der Vorstandsvorsitzende da mit hochgezogener Augenbraue höhnen. Soll er doch. Schlauer ist, wer genau das tut – sich um Befindlichkeiten, Belange und Bedürfnisse seiner Mitarbeiter kümmern.

Der Alphachef schafft so ein Klima der Offenheit und des Vertrauens, in dem sich Mitarbeiter leichter steuern und lenken lassen. Und nicht nur das: Auch seine Vorschläge und Denkanstöße fallen auf einen fruchtbaren Boden – und seine Kritik wird anders angenommen. Wenn die Beziehungsebene nicht stimmte, bliebe diese Kritik wirkungslos, würden positive Anregungen sabotiert. Es gäbe Machtspiele und Positionskämpfe, die nichts mehr mit der Sache und dem gemeinsamen Ziel zu tun haben.

Solche Situationen gibt es zwar selten innerhalb eines Wolfsrudels, sie kommen im übertragenen Sinn aber durchaus vor: Wenn zwei Tiere um ihre Position innerhalb des Rudels kämpfen und die Fronten sich verhärten, kann das tödlich ausgehen. Am Ende gibt es nur Verlierer, denn das Rudel ist durch Verluste und Ausfälle in den eigenen Reihen geschwächt und kann weder erfolgreich jagen noch in Ruhe und Sicherheit seine Welpen aufziehen. Das gemeinsame Überleben ist in Gefahr.

Untätige Chefs

Viele Führungskräfte bekommen von den Konflikten unter ihren Mitarbeitern wenig oder gar nichts mit. Ganze Abteilungen manövrieren sich so unbemerkt von der Führungsetage in die Arbeitsunfähigkeit. Wessen Mitarbeiter sich aber derart auf Ressortpatriotismus kaprizieren, kann sicher sein, dass die Energie zielgerichtet in überflüssige Grabenkämpfe investiert wird statt in den Erfolg des Unternehmens.

In einer Firma – einem mittelständischen, inhabergeführten Hersteller von Holzmöbeln – erlebte ich genau das: Produktions- und Einkaufsabteilung kochten ihr jeweils eigenes Süppchen. Der Einkaufsleiter Herr Beck wollte die Kosten seiner Abteilung – und damit sein persönliches Standing innerhalb der Firma – optimieren und orderte Massivholz, das zwar sehr günstig war, aber weder die erforderliche Qualität hatte noch in den passenden Einheiten verpackt war. In der Produktion führte das zu massiven Problemen, denn die Endprodukte waren aufgrund der Materialfehler mangelhaft. Der Produktionsleiter Herr Wagner tobte: „Seit Monaten geht das schon so! Wir müssen permanent die Profilierungsversuche des Herrn Beck ausbaden! Aber ich sage jetzt nichts mehr. Soll das Ding doch an die Wand fahren!“

Das Ende vom Lied: Reklamationen unzufriedener Kunden, die Risse in den Holzmöbeln entdeckt hatten. Das Unternehmen war in Misskredit geraten, alle machten sich Gedanken darüber: Wer ist verantwortlich für die schlechten Möbel? Wer trägt die Kosten für die Nachbesserungen oder Ersatzlieferungen? Was hätten wir mit dem Gewinn machen können? Einen Konflikt zwischen zwei Personen musste schließlich die gesamte Organisation ausbaden. Er entstand, weil zwei Mitarbeiter ihre individuellen Ziele verfolgten und darüber vergessen hatten, dass sie ihre Arbeit nicht zu ihrer Profilierung – oder zumindest nicht nur – taten, sondern um zum Erfolg des gesamten Unternehmens beizutragen.

Entscheidend für die Eskalation des Konflikts aber war, dass die Führungskraft durch Abwesenheit glänzte. An dem Punkt, an dem die Holzlieferung eintraf, hätte ein Alphachef eingegriffen und überprüft, ob die Aussage des Produktionsleiters („Der Einkaufsleiter profiliert sich auf unsere Kosten!“) tatsächlich zutrifft – so wie der Alphawolf aktiv wurde, als er erkannte: „Wenn ich diese beiden Streithähne jetzt nicht trenne, fügen sie sich ernsthaften Schaden zu, sind bei der nächsten Jagd geschwächt, und das Rudel wird nicht erfolgreich jagen können!“

Jedoch – auch ein Alphachef kann seine Augen und Ohren nicht überall gleichzeitig haben. Da er aber ein Klima des Vertrauens und der Offenheit geschaffen hat, kann er sich immer darauf verlassen, dass seine Mitarbeiter im Falle eines Falles zu ihm kommen und sagen: „Achtung, da läuft etwas schief!“

Entmündigte Mitarbeiter

Viele Führungskräfte greifen dagegen ebenso beherzt wie voreilig in Konflikte ein. Selbstherrlich interpretieren sie ihre „Schlichterqualitäten“ als Ausdruck ihrer Führungsstärke. Eine ernsthafte und dauerhafte Lösung von Konflikten verhindern sie dadurch jedoch erfolgreich. Ihr scheinbar beschützendes Verhalten spricht den Mitarbeitern die Fähigkeit zu einer eigenständigen Lösung des Konflikts ab. Sie werden entmündigt.

Motiv dieses frühen Eingreifens ist die Harmoniebedürftigkeit des Chefs. Er versucht, allen gerecht zu werden – das hat jedoch noch nie funktioniert. Immerwährende Harmonie gibt es nicht. Eine gute Führungskraft hat Feinde. Auch ein Alphawolf hat Feinde, sogar innerhalb des Rudels. Sie machen ihm seine Position streitig, provozieren ihn auf Schritt und Tritt, wollen selbst die Führung des Rudels übernehmen oder sich zumindest einen besseren Platz in der Rangordnung sichern. Weil der Alphawolf aber nicht umsonst der Alpha ist, beweist er Durchsetzungskraft, indem er seinen Willen gegen Widerstand durchsetzt – aber immer zum Nutzen aller.

Harmoniesucht ist bei näherer Betrachtung eine der subtilsten Formen der Aggressivität. Oft sind harmoniesüchtige Führungskräfte diejenigen, die nicht bewusst diese Rolle übernommen haben, sondern eher dazu gedrängt wurden, im Rahmen einer Fachkarriere beispielsweise. – In einem Automobilzulieferkonzern gab es einen Ingenieur, der über eine Fachkarriere zum Projektleiter aufgestiegen war. Er war Anfang 40, glänzte durch das Fehlen jeglicher Ruhe und Souveränität und legte einen blinden Aktionismus an den Tag, mit dem er die Kontrolle zu wahren suchte. Wie ein Magnet zog er alle Abläufe, Vorhaben, Arbeitsschritte an sich. Auf keinen Fall

sollte etwas unter seiner Leitung schiefgehen. Sein Handeln entbehrte dabei jeglichen Überblicks und jeglicher Strategie, er konnte immer nur reagieren, niemals wirklich agieren.

Wie in vielen anderen Projekten war auch in diesem Projekt die Kollision von Projekt- und Linienressourcen ein Problem: Wer macht was? Was hat Priorität, das Projekt oder die Linie? Auch hier versuchte der Projektleiter zu schlichten und schaltete sich in alle Diskussionen ein. Profane Angelegenheiten wie die rechtzeitige Fertigstellung von Projektunterlagen? Chefsache! Er diskutierte endlos mit, beklagte sich aber gleichzeitig lautstark und kontinuierlich, dass er sich immer um jedes noch so kleine Detail selbst kümmern müsse. Er mischte sich überall ein, konnte jedoch inhaltlich nichts beitragen, denn ihm fehlte jegliche Hintergrundinformation. Dafür war er wirklich gut in der Königsdisziplin vieler Führungskräfte: Mitarbeiter vor versammelter Mannschaft zusammenzufalten („Nun stellen Sie sich mal nicht so an, Meier!“).

Wenn er dann keine Lust mehr auf Diskussionen hatte, brach er diese mit Allgemeinplätzen wie „Das kriegen wir schon hin!“ oder „Jetzt haben wir doch lange genug darüber gesprochen!“ ab. Nie ließ er seine Leute in Ruhe ihre Arbeit tun und auch mal eine Auseinandersetzung austragen. Er sprach ihnen jegliche Eigenverantwortung ab, erzog sie so zur Verantwortungslosigkeit, entmündigte sie jeden Tag aufs Neue, schnürte die Freiräume seiner Mitarbeiter ein, band Ressourcen, ohne dass es zu einer wirklichen Lösung des Problems gekommen wäre. Was ist das anderes als Aggression?

Stellen Sie sich einen Alphawolf vor, der hektisch hechelnd herbeistürzt, sobald zwei Wölfe Kontakt miteinander aufnehmen. Absurd. Ein Leitwolf ohne diese Fähigkeit, einzuschätzen, wann ein Konflikt gefährlich oder förderlich ist, wäre kein

Leitwolf. Er ist ein Leitwolf, weil er für Ruhe und Ordnung sorgt, und nicht, weil er als Erster die Contenance verliert.

Dem Projektleiter fehlte genau diese Leitwolf-Qualifikation. Angesichts seiner sinnfreien und inhaltsleeren Show blieb den Mitarbeitern nicht viel übrig: Die meisten resignierten, zogen sich zurück, wurden zynisch und flüchteten sich in den Dienst nach Vorschrift.

Diesen Typ Führungskraft kennt man im Übrigen auch mit einer extrem stark ausgeprägten Überfürsorglichkeit. Auch dieser Typ hat zu wenig Distanz zu seinen Mitarbeitern, kontrolliert sie und schränkt sie dadurch ein – so wie überfürsorgliche Eltern der Weiterentwicklung ihrer Kinder nicht gerade zuträglich sind. Mitarbeiter fühlen sich von beiden Führungskräftetypen bedrängt und geben frustriert ihre Eigenverantwortung und Initiative am Werkstor ab. Auf die Dauer schlägt das nicht nur aufs Gemüt, sondern auch auf die Motivation. Denn die verspürt ein Mensch nur, wenn er sein Gehirn selbständig einsetzen darf.

Fürsorge statt Schmusekurs

Ein Alphachef sucht im richtigen Moment die Nähe zu seinen Mitarbeitern und achtet auf Details, er tut dies jedoch nicht immer! So wie der Alphawolf sein Rudel als Ganzes im Blick hat, scannt auch der Alphachef die Gesamtorganisation und bildet sich ein Urteil, das immer das Wohl des Ganzen berücksichtigt. Dabei ist er sehr fürsorglich. Diese Fürsorge hat jedoch nichts mit einem Schmusekurs zu tun! Ein fürsorglicher Alphachef entlässt durchaus 30 Mitarbeiter, um die Arbeitsplätze von 60 anderen zu erhalten. Gemeinsam mit allen unterzugehen, ist für ihn keine Alternative. Weil er die Auswirkungen einer bestimmten Situation erkennen kann, ergreift er mitunter auch Maßnahmen, die einzelnen Mitgliedern des Systems wehtun können, aber letztendlich dem Gesamtsystem nützen. Ein Alphachef denkt ganzheitlich, er hat weder *nur* die Mitarbeiter oder *nur* die Shareholder im Blick, sondern immer *alle*.

Dabei wird ein Alphachef an einer bestimmten Stelle von sich aus aktiv. Er wartet nicht, bis jemand kommt und ihn dazu auffordert. Er wird seiner Führungsposition dadurch gerecht, dass er Initiative ergreift. So verschafft er sich einen Überblick, baut Indikatoren auf, die anzeigen, wenn im Unternehmen etwas aus dem Ruder läuft. Er tut dies vielleicht anhand von Kennzahlen, berücksichtigt aber immer auch die „weichen" Faktoren. Er weiß, dass diese Kombination aus harten und weichen Faktoren entscheidend ist, denn in einer Organisation spielen Befindlichkeiten und Verhaltensänderungen von Mitarbeitern eine maßgebliche Rolle. Zuverlässige Indikatoren führen also dazu, dass der Alphachef auf bestimmte Situationen angemessen reagieren kann – manchmal schreitet er sofort ein, erkennt aber auch die anderen Konflikte, die die Beteiligten gut unter sich ausmachen können, ohne dass sein Eingreifen nötig wäre.

Immer das große Ganze im Blick

Den richtigen Zeitpunkt für das Eingreifen in einen Konflikt zu finden, ist nicht leicht. Auch ein Alpha braucht viel Erfahrung und eine große Sensibilität dafür. Konflikte sind bis zu einem gewissen Grad normal, lassen sich nicht vermeiden und müssen auch ausgefochten werden. Ein Alphachef greift immer dann ein, wenn entweder das Ganze in Gefahr gerät oder wenn Mitarbeiter ihren eigentlichen Aufgaben nicht mehr nachkommen können, weil der Konflikt zu viele Ener-

gien bindet. Stellen Sie sich zwei Zahnräder vor, die mit ihren Zähnen ineinandergreifen. Fehlte ein Zahn, liefe das ganze Getriebe unruhig. Genau das verhindert der Alphachef.

Als der Alphawolf in unserem Wolfsrudel erkannte, dass das Verletzungsrisiko der beiden kämpfenden Wölfe stieg und somit die Leistungsfähigkeit des gesamten Systems gefährdet war, schritt er ein. Er griff dabei zwar auf das Repertoire der Aggression (Bissbereitschaft) zurück, tat dies aber nur, um ein Signal zu setzen. Deswegen verhielt er sich nicht aggressiv, sondern dominant. Dominant ist er nicht, weil er brutal und böse wäre oder auf seine Vorrechte bestünde, sondern weil er ruhig, besonnen, überlegt und fürsorglich handelt.

Nützliche Konflikte

Ist also immer Eingreifen angesagt? Kommt es dabei nur auf den richtigen Zeitpunkt an? So einfach ist es leider nicht. Wie alles im Leben haben auch Konflikte mindestens zwei Seiten und erweisen sich mitunter als nützlich und sinnvoll. Mitarbeiter entwickeln sich dadurch weiter, lernen etwas. Sinnlos, junge Nachwuchskräfte davon abhalten zu wollen, ihre Kräfte zu messen – seien sie nun Wölfe oder Menschen. So manches junge Talent mit einfachen Assistenzaufgaben entpuppte sich in solchen Situationen als brillante Nachwuchsführungskraft. Das Gesamtsystem – das Unternehmen – kann dann am Ende nur gewinnen.

Auch ein Wolfsrudel wird durch Positionskonflikte gestärkt. Junge aufstrebende Tiere haben körperliche Fähigkeiten, die sie zu Leistungen auf der Jagd befähigen, die ältere Tiere nicht mehr erbringen. Es geht hierbei auch immer um die richtige Position im Rudel, um Stärken und Schwächen jedes Einzelnen. Ließe man solche Entwicklungen nicht zu, unterbände

man jegliche Lebendigkeit und Dynamik: Weder das Rudel noch ein Unternehmen wären überlebensfähig, wenn die ranghöchsten Greise stets das Rudel anführten und junge Nachwuchskräfte nicht zum Zuge kämen. Hat der Nachwuchs keine Entwicklungsmöglichkeiten, wird der Erfolg des ganzen Systems gefährdet.

Wie unterscheidet ein Alphachef zwischen positiven und negativen Konflikten? Er antizipiert die Auswirkungen, die das Verhalten der Mitarbeiter hat. Sein langfristiges Denken bezieht die Zukunft mit ein. Auch der Alphawolf tut das. Denken Sie an die konflikthafte Situation innerhalb des Wolfsrudels zurück: Hätte der Alphawolf nicht eingegriffen, wäre mindestens einer der beiden kämpfenden Wölfe schwer verletzt worden. Er hätte bei der Jagd gefehlt. Das Rudel hätte sein Gesamtziel nicht oder nur unter ungünstigen Bedingungen erreichen können: erfolgreich jagen, die Population erhalten, langfristig überleben.

Ein Alphachef fragt sich also: Bringt das Verhalten das Unternehmen weiter, weil es vielleicht eine außergewöhnliche Idee hervorbringt? Hat diese Idee eine Chance auf Verwirklichung? Sind die Dinge und Fakten in Ordnung, auf denen diese Idee basiert? Oder wird doch um persönliche Befindlichkeiten gerungen? Konflikte auf der Sachebene können relativ schadlos ausgetragen werden; ein Eingreifen ist dann meist nicht nötig. Konflikte auf einer persönlichen Ebene sind dagegen destruktiv, kontraproduktiv und können ganze Abteilungen lahmlegen.

Ein aggressiver Alpha ist ein toter Alpha

Warum haben aggressive und autoritäre Chefs keine Zukunft? Die Antwort: Actio = Reactio. Wer aggressiv handelt, produziert aggressive Reaktionen seiner Umwelt. So einfach ist es. Und so schädigend, denn genau auf diese Art werden unglaublich viele Energien vergeudet. Wer überzeugend und gewinnbringend führen will, verhält sich nicht aggressiv, sondern dominant. Ein Alphachef gibt ebenso wie ein Alphawolf eine eindeutige Richtung vor, eine eindeutige Struktur, von der er eine klare Vorstellung hat, die er ebenso klar kommuniziert. Nur so kann er die richtigen Mitarbeiter – und Wölfe – um sich scharen, die das System auch zu einem Erfolg bringen werden.

Aufgrund seiner sensiblen Persönlichkeit hat ein Alphachef viel konstruktive Energie und setzt die Interessen der gesamten Organisation auch gegen Widerstand durch. Den Widerstand überwindet er jedoch nicht durch aggressives Verhalten, sondern er löst ihn auf – indem er in die Welt seines Gegenübers eintaucht, dessen Beweggründe erkennt und sich immer von der Frage leiten lässt: „Was kann ich tun, damit diese Person mir folgt?" Aggressivität löste nur Widerstand aus.

Der Blick auf das Wolfsrudel bestätigt das: Was würde einem Alphawolf passieren, der sein Rudel aggressiv führte? Das Rudel würde ihn verstoßen. Oder es würde ihn töten.

4

Sinn

Warum Wölfe lieber gemeinsam als alleine jagen

Richtig harte Kerle mit markantem Kinn, die sich allein durchs Leben schlagen, scheinbar weder ein soziales Umfeld noch eine Familie oder einen festen Wohnsitz brauchen: Sie bezeichnen sich gerne als einsame Wölfe. Da schwingt doch ein heldenhafter Unterton von Wildnis und Abenteuer mit, mit dem man die eigene Bindungsunfähigkeit schön überdecken kann.

„Echte" einsame Wölfe sind selten und dies auch eher unfreiwillig. Denn ihre Überlebenschancen sind gering. Nur im Rudel sind Wölfe stark und überlebensfähig. Die Gemeinschaften leben über einen langen Zeitraum zusammen. Die Anzahl der Tiere bleibt relativ konstant. Zwar gibt es bei der Rollenbesetzung und innerhalb der Rangordnung Wechsel. Jedes Jahr kommen beispielsweise neue Welpen dazu, während andere Wölfe das Rudel verlassen. Aber auch die Ausreißer suchen meistens schnell Anschluss an andere, einzeln umherstreifende Wölfe, werben Wölfe aus anderen Rudeln ab oder suchen selbst Kontakt zu einem anderen Rudel.

Ein Wolf weiß instinktiv, dass er alleine weder überleben noch sich vermehren kann. Wölfe nutzen die Gemeinschaft vor allem bei der Jagd, denn nur gemeinsam können sie große Beutetiere erlegen. Jagte ein Wolf alleine, könnten die kleineren Tiere, die er dann erlegt, seinen Energiebedarf nicht sinnvoll decken. Er würde schlicht nicht davon satt werden.

Eine Ausnahme bilden lediglich die Wölfe, die auf der Arabischen Halbinsel leben – als Einzelgänger. Sie sind an die hohen Temperaturen dort angepasst und entsprechend klein und leicht. Ihr Energiebedarf ist darum weitaus geringer als der jener Wölfe, die im Norden leben. Und Mäuse und Hasen können Wölfe tatsächlich gut allein erlegen.

Das Rudel bietet aber nicht nur größeren Jagderfolg, sondern auch Schutz vor Angreifern. Seinen Fressfeinden wie Bären oder Pumas – die vom gejagten Wild durchaus ihren Anteil fordern – ist ein einzelner Wolf unterlegen. Gerade Pumas sind überaus schnell, geschmeidig und es außerdem gewohnt, allein zu jagen. Und darum können sie einem einzelnen Wolf sehr gefährlich werden. Im Rudel sind die Wölfe jedoch so stark, dass sie selbst Puma und Bär mühelos in die Flucht schlagen. Nicht zuletzt wegen des effektiven Frühwarnsystems: Einer passt immer auf, auch wenn alle anderen ruhen oder sich um die Ausbildung des Nachwuchses kümmern.

Gemeinsam sind wir stark

Der Jagderfolg des Rudels beruht auf einem sehr komplexen System von Kommunikation zwischen den Wölfen einerseits und der Rollenerfüllung jedes einzelnen Tieres andererseits. Ein immenser Aufwand, den die Wölfe da betreiben. Warum eigentlich? Würde es nicht reichen, dass sich das Rudel in Rugbyteam-Manier auf das nächstbeste Beutetier stürzt? Wozu diese komplexe Sozialstruktur?

Nun, in den nordischen Breiten, in denen die meisten Wölfe leben, herrschen ziemlich widrige Umweltbedingungen. Die Winter sind lang und kalt, über Monate hinweg kommt alles Leben fast zum Stillstand. Die Beutetiere sind groß, meistens sogar größer als die Wölfe selbst. Sie zu erlegen, macht man

nicht mal eben so, auch nicht, wenn man Wolf heißt und die anderen neun Familienmitglieder auch. Es bedeutet vielmehr harte und anstrengende Arbeit. Die nordische Welt ist kein Schlaraffenland, in dem einem die geeignete Beute portioniert vor die Pfoten fällt.

Wenn nun ein Rudel Wölfe nicht gezielt und effizient vorginge, sondern einfach als wilder, unkoordinierter Haufen drauflosstürmte, erforderte dies einen ungleich höheren Energieaufwand bei der Jagd – und zwar durch ungeklärte Fragen: „Welchen der vielen leckeren Moschusochsen nehmen wir denn jetzt? Ist das hier der schwächste oder doch der da drüben? Wer verpasst ihm jetzt den tödlichen Biss – du oder darf ich endlich mal?"

Unklare und nicht vorhandene Absprachen über Ziele und Vorgehensweisen sorgen nicht nur in Unternehmen für Reibungsverlust und Koordinationsprobleme und deshalb für Energieverschwendung, sondern auch in Wolfsrudeln. Und Energieverschwendung ist tödlich – zumindest für Wölfe des Nordens.

Übrigens sorgen die eher unkomfortablen Umweltbedingungen hoch im Norden nicht nur bei Wölfen für einen starken Zusammenhalt: Auch die Menschen rücken dort enger zusammen. Der Familiensinn ist unter den Menschen in den skandinavischen Völkern sehr ausgeprägt. Mehr noch: Auch die Gleichberechtigung der Frauen wird in den skandinavischen Ländern viel selbstverständlicher gelebt als im Süden. Je widriger und schwieriger die Umweltbedingungen, desto wichtiger und stärker ist eben der Zusammenhalt der Familienmitglieder. Werden die Umweltbedingungen widrig, sind Menschen zu Höchstleistungen und zu einem großen Zusammenhalt fähig. Denken Sie nur an das, was passierte, als im Winter 2003 das große Hochwasser der Elbe die Menschen in Ostdeutschland heimsuchte: Solidarität, Hilfsbereitschaft, Selbstlosigkeit, wo man hinsah.

Entspannte 23,5 Grad Außentemperatur, Nahrungsmittel im Überfluss, trockene Behausungen – um es in die Sprache der Wirtschaft zu übertragen: Erfolg – führen zu Übermut, Trägheit und Egoismus. Dann ist wieder ganz schnell jeder sich selbst der Nächste.

Erbsenzähler und Rundumschläger

Beim Siemens VDO-Werk in Würzburg beispielsweise mussten sich die Mitarbeiter 2005 gegen Verlagerungspläne wehren. Sie waren damit erfolgreich – machten aber große Zugeständnisse, indem sie per Ergänzungstarifvertrag auf Lohn verzichteten. Dafür bekamen sie eine Arbeitsplatzgarantie bis 2010. Im Frühjahr 2007 steht der Standort wieder auf der Kippe, soll wahlweise verkauft, verlagert oder einfach aufgelöst werden. Und wieder schließt sich die Belegschaft eng zusammen: Demonstrationen, Flugblattaktionen, Verhandlungen, Pressetermine. Die Mitarbeiter wissen: Nur wenn sie geschlossen vorgehen, können sie darauf hoffen, ihre Interessen durchzusetzen und als Team, in der Gemeinschaft, zu überleben und den Firmenstandort zu erhalten.

Auch hier: Widrige Rahmenbedingungen führen dazu, dass die Menschen enger zusammenarbeiten, effizient und motiviert. Wenn Gefahr droht, schließen sie sich zusammen. Wenn Gerüchte aufkommen, dass ein Werk geschlossen werden soll. Oder von einer anderen Firma aufgekauft. Wenn ein Wettbewerber am Markt auftaucht. In Krisensituationen wird ihnen klar: Wir ziehen an einem Strang. Und deswegen sind sie dann stark.

„Divide et impera!“ – Teile und herrsche! Das ist nicht nur ein ziemlich alter, sondern auch ein oft zutreffender Führungsgrundsatz. Wer Zwietracht sät, kann zwar so allerlei ernten, qualifiziert sich aber nicht als Alphachef. Dieser weiß, dass sein Unternehmen nur dann erfolgreich ist, wenn es aus erfolgreichen Teams besteht, und die sind nur erfolgreich, wenn sie zusammenhalten.

Tun sie es nicht, lernen sich die Mitglieder nicht kennen, entwickeln kein Vertrauen zueinander, tauschen keine Informationen aus, machen keine gemeinsamen Erfahrungen und erleben schlussendlich nie, welches Potenzial in ihnen steckt! Gut zu sehen ist das an so manchem Projektteam. Diese Teams sind oft nicht in der Lage, wirklich gut und effektiv zusammenzuarbeiten. Die Menschen kennen sich nicht, die Kommunikation ist nicht eingespielt, die einzelnen Mitglieder können ihre Reaktionen nicht wirklich einschätzen.

Oft ist schon die Zusammensetzung der Teams nicht optimal. Da trifft der detailversessene Erbsenzähler auf den oberflächlichen Rundumschläger – und schon geht das große Hauen und Stechen los. In einem eingespielten Team sind – im Idealfall – den beiden und auch den anderen die Rollen bekannt, die sie jeweils besetzen, und man arbeitet so, dass man sich nicht ins Gehege kommt, sondern die jeweiligen Stärken der Persönlichkeit zum Tragen kommen.

Können Sie gut Segel zusammenfalten?

Erfolge eines Teams – sprich gute Arbeitsergebnisse – sind nur zu erzielen, wenn Teammitglieder akzeptieren, dass Unterschiede zwischen den Menschen und unterschiedliche Herangehensweisen keine Gefahr darstellen, sondern eine Bereicherung. Jeder von uns hat bestimmte Eigenschaften und Vorlieben, die nicht bloß angemessen und in Ordnung sind – sondern auch nötig. Ein Team lebt von der Ergänzung. Erst wenn Alphawolf, Betawolf, subdominante Wölfe, Welpen, Rüden und Fähen zusammen agieren, jeder an seinem Platz, jeder in seiner Rolle, dann ist das Überleben des Rudels gesichert. Das Rudel lebt ebenso von der Ergänzung.

In unserer Gesellschaft ist lange darauf hingearbeitet worden, dass alles gleichgemacht werden muss, immer und immer wieder. Benchmarking und Best-Practice-Modelle gehen genau in diese Richtung. „Gleich und Gleich gesellt sich gern“, heißt es. Das klingt für viele verlockend. Der Weg zum Erfolg geht aber immer da lang, wo es wehtut. Eben dort, wo unterschiedliche Welten und Vorstellungen aufeinanderprallen, wo es zu Konflikten kommt. Wichtig ist, dass mit diesem Potenzial konstruktiv umgegangen wird. Entscheidend ist, über den Tellerrand zu schauen. Energie und Dynamik zu erfahren. Neue Ideen zu entwickeln.

„Charta der Vielfalt“ – so heißt eine Initiative vier großer deutscher Unternehmen, die damit ein Zeichen der Anerkennung und Wertschätzung für die Vielfalt ihrer Belegschaft, Kundschaft und Geschäftspartner setzen wollen. Bisher haben mehr als 30 Unternehmen und öffentliche Einrichtungen in Deutschland diese Charta unterschrieben.

Wölfe müssen keine Charta unterschreiben. Ihnen ist dieses Verhalten einprogrammiert. Sie ermitteln in ihrem Rudel permanent und jeden Tag: Wer kann was? Wer verhält sich wie? Wer ist ein umsichtiger, fürsorglicher Wolf? Wer ein ausdauernder und schneller Läufer? Wer verändert sich zum Nutzen des Rudels? Wer lässt in seinen Kräften nach? Und so kommt es, dass auch fremde Tiere ins Rudel aufgenommen werden, nämlich dann, wenn die Wölfe erkennen, dass der

Neuzugang mögliche Schwächen des Rudels ausgleicht oder die Stärken noch um einen weiteren Aspekt ergänzt.

Auch ein Alphachef hat die Gabe, die richtigen Leute zum richtigen Zeitpunkt zusammenzubringen. Nämlich so, dass sie sich in ihren Fähigkeiten optimal ergänzen. Reinhold Würth ist so ein Alphachef. Er versteht etwas von Menschen. Und weiß, dass die Menschenführung zu mehr als 50 Prozent über Gewinn und Verlust eines Unternehmens entscheidet.

Reinhold Würth übernahm 1954 die Firma seines Vaters, einen Montagetechnikhandel, und baute sie innerhalb von nur 50 Jahren zu einem 50.000-Mann-Unternehmen aus. Würths Unternehmensphilosophie ist nicht nur sozial und kulturell geprägt, sondern vor allem eins: erfolgreich. Er räumt seinen Mitarbeitern viel Freiraum ein, steckt aber auch klare Bereiche ab, innerhalb derer sich die Leute bewegen können. Er hatte erkannt: Richtig erfolgreich wird seine Firma nur, wenn seine Mitarbeiter erfolgreich sind. Und die sind erfolgreich, wenn sie sich mit dem Unternehmen identifizieren. Sich zugehörig fühlen. Und gerne zum großen Ganzen beitragen wollen. Also suchte er Menschen, die seine „Gebote“ befolgen wollten und konnten. Eines davon heißt: „Übervorteile deine Kunden nie!“ Ein anderes: „Mach keine Zusage, die du nicht halten kannst!“ Und ein drittes: „Sei zuvorkommend und partnerschaftlich!“ Würths Erfolgsrezept: Er verlangt nichts von seinen Mitarbeitern, was er nicht selbst zu tun in der Lage ist. Und er selbst lebt diese Grundsätze. Ein echter Alpha eben.

Oder denken Sie an den Segelsport. Ein Skipper wie Jochen Schürmann könnte Ihnen lange Vorträge halten über die richtigen Personen für den richtigen Posten. Ein guter Steuermann ist nicht automatisch ein guter Stratege. Und wer gut Segel zusammenfalten kann, muss noch lange kein guter Grinder

sein. Auf die richtige Zusammensetzung eines Teams kommt es an. Jeder an seinem Platz, jeder in seiner Rolle.

Und die benötigten Rollen verändern sich nicht zuletzt auch mit den Umweltbedingungen. Ein erfahrener Skipper kann auf dem Fußballplatz verloren sein. Das geht den Wölfen nicht anders: Wenn sich ihr Jagdgebiet vom Bergland mit zerklüfteten Hängen in offenes Gelände verlagert, brauchen sie andere Kompetenzen, und unter Umständen kommen dann andere Wölfe als sonst stärker zum Zug.

Freizeitoptimierende Diskusfische

Sie kennen ihn: den Mitarbeiter vom Typ Freizeitoptimierer. Er macht im Job gerade das Nötigste, kommt später und geht dafür früher, reißt sich über den Tag nicht gerade ein Bein raus, weder für die Arbeit noch für die Kollegen, schon gar nicht für Sie als Chef, aber wehe, es ist Feierabend: Mit unvermuteter Energie hängt sich dieser Mensch dann in sein Vereinsleben oder in sein Hobby. Entwickelt sich zum Fachmann für Kommunalpolitik. Oder zum Experten für das Züchten von Diskusfischen. Scheut weder Kosten noch Mühen. Tauscht sich mit anderen aus. Bekommt positives Feedback. Vergisst die Zeit, die Frau, die Kinder.

Warum ist dieser Mensch bloß in seinem Privatleben so motiviert, wie er es eigentlich an seinem Arbeitsplatz auch sein sollte? Ganz einfach: Weil er dort Erfolg hat. Weil seine Diskusfische die schönsten auf der letzten Ausstellung waren. Weil er als Stadtverordneter wiedergewählt wurde. Weil er sein Wissen, seinen Horizont und damit sich als Persönlichkeit weiterentwickelt hat. Das ist der Schlüssel zur Motivation. Und zu dem Sinn, der hinter all unserem Schaffen und Wirken steht. Denn darum geht es uns Menschen letztendlich:

Erfolg zu haben – was immer Erfolg für den Einzelnen auch bedeutet. Und genau diesen Erfolg muss ein Alphachef jedem einzelnen seiner Mitarbeiter ermöglichen.

Das geht aber nur, wenn er Mitarbeiter so einsetzt, dass sie mit ihren bestehenden Fähigkeiten Erfolge erzielen können. Nur so erkennen sie, warum es sich lohnt, zu leben, zu arbeiten und sich weiterzuentwickeln. Um das Thema Motivation müssen Sie sich dann keine Gedanken mehr machen. Die kommt in diesem Fall ganz von allein, wie eine Nebenwirkung. Denn Motivation erwächst aus der Ermöglichung von individuellem Erfolg. Führen Sie Ihre Mitarbeiter so, dass sie das, was sie als Erfolg für sich betrachten, in Abstimmung mit dem, was das Gesamtsystem als Erfolg betrachtet, erreichen können.

Dieser Kollektiverfolg ist das Maß der Dinge. Ohne geht es nicht. Zum Gesamtsystem gehören dabei auch die Shareholder. Deren Bedürfnisse und Erfolg müssen ebenfalls berücksichtigt werden. Die Betonung liegt auf *ebenfalls*. Das Gesamtsystem wird keinen Erfolg haben, wenn es langfristig nur die Bedürfnisse der Mitarbeiter oder nur die Bedürfnisse der Investoren berücksichtigt – sondern es geht hier immer um alle, also um das Wohl der Stakeholder. Das ist die Bedingung, zu der die Beteiligten mitspielen dürfen.

Auch bei den Wölfen gibt es diese klaren Bedingungen. Sie lauten: Unterwerfe dich einer Struktur. Halte dich an Spielregeln. Optimiere deinen Nutzen für das Rudel. Genau das gilt auch für Unternehmen. Der Alphawolf und der Alphachef haben die Aufgabe, die Wölfe und die Mitarbeiter so einzusetzen, dass diese den größten Nutzen für das jeweilige Gesamtsystem bringen.

Da klemmt es leider bei manchen modernen Führungskräften: Sie haben eine Führungshemmung. Für sie ist „Führung“

negativ besetzt. Macht sowieso. Sie empfinden Macht als Manipulation anderer. Als Gängelung, als Instrument zur persönlichen Profilierung, das es nicht mehr erlaubt, seinen Mitarbeitern auf der viel besungenen Augenhöhe zu begegnen.

Sie als Alphachef wissen aber, dass Macht etwas ist, das anderen nützt – indem es nämlich den Gesamterfolg des Systems sicherstellt. Und schon haben Sie einen ganz anderen Ansatz von Führung. Es geht nicht um autoritäres Führen oder darum, seinen Mitarbeitern das Denken abzunehmen. Im Gegenteil: Führen heißt Freiheiten geben, Lernen ermöglichen, Erfahrungen ermöglichen in einer Form, die den Gesamterfolg nicht gefährdet. Und ohne Alpha geht das nicht, das wissen wir.

Führungskräfte sind letztlich – Sinnstifter. Sie verschaffen ihren Mitarbeitern Erfolgs- und Sinnerlebnisse.

Faltenprophylaxe

Was Erfolg für jeden einzelnen Menschen bedeutet, kann wie gesagt sehr unterschiedlich sein. Für den einen ist es ein Erfolg, für sich selbst sorgen zu können. Für den anderen hat Erfolg etwas mit der Größe des Autos zu tun, das vor seiner Haustür steht. Der dritte definiert Erfolg anhand des Umfangs seiner antrainierten Muskeln. Und für meinen Nachbarn, den Sozialarbeiter, bedeutet Erfolg, wenn er verhindert hat, dass eine von ihm betreute Familie aus ihrer Wohnung geworfen wurde.

Die Herausforderung für den Alphachef besteht darin, zunächst für jeden einzelnen seiner Mitarbeiter individuell zu ergründen, was Erfolg für ihn bedeutet. Und ihm dann genau diesen Erfolg zu ermöglichen. Für die vielen Fragezeichen

in Ihrem Kopf habe ich da aber schon wieder eine schlechte Nachricht: Es gibt immer noch keine zehn goldenen Regeln. Sondern nur den Tipp, jedes Individuum ernst zu nehmen und ganz genau zu beobachten.

Ein Alphachef muss ermitteln: Warum reagiert mein Mitarbeiter genau so und nicht anders? Welche speziellen Fähigkeiten hat er? Und wie kann ich seine Ressourcen für eine bestimmte Aufgabenstellung optimal einsetzen? Das setzt voraus, dass man als Alphachef Kontakt zu seinen Mitarbeitern hat, mit ihnen zusammen agiert und kommuniziert.

Wer hinter verschlossenen Türen im Chefbüro sitzt und seine Mitarbeiter per E-Mail lenken will, ist als Führungskraft eine Fehlbesetzung. Wer bei einer anstehenden Umstrukturierung mal kurz einen Blick in die Personalakten wirft und dann anhand der fachlichen Qualifikation entscheidet, wer denn nun wo eingesetzt wird, sollte sich schleunigst pensionieren lassen. Als Alphachef muss man bereit sein, im richtigen Moment die Sachebene zu verlassen und auf die persönliche Ebene zu gehen. Halten Sie es wie Reinhold Würth. Sein Motto: Das Wesentliche sind die Menschen, nicht die Maschinen.

Manch einer mag jetzt skeptisch die Stirn in Falten legen: „Na, hören Sie mal, ich habe hier 476 Leute unter mir, ich kann mir doch nicht um die persönlichen Erfolgswünsche jedes Einzelnen Gedanken machen! Und ein Fachmann für schnellen Muskelaufbau bin ich auch nicht!" Tun Sie was gegen Ihre Stirnfalten: Installieren Sie kleine, überschaubare Einheiten. So wie es zum Beispiel die Firma Gore tut. Dort ist keine Einheit größer als 100 Leute. Die Werksleitung kennt jeden Mitarbeiter und nützt jede Gelegenheit, ihm tief in die Augen zu schauen und herauszufinden, was dieser Mitarbeiter braucht, um seine persönliche Vorstellung von Erfolg in die

Tat umzusetzen – und zwar innerhalb der Firma, nicht in seiner Freizeit.

Auch bei den kleinen Teams, die innerhalb der Kette dm-drogerie markt gebildet werden, lauten die Stichworte ebenfalls: dezentralisieren und delegieren von Verantwortung für die Mitarbeiter. Damit kann man als Alphachef mehr Identifikation stiften als über eine Organisation, die aufgrund ihrer schieren Größe nur ein vages Gefühl von Zusammengehörigkeit vermittelt.

Stabilität + Dynamik = Überleben

Die Tatsache, dass jeder das Thema Erfolg für sich persönlich anders definiert, ist die Antwort auf die Frage, warum Menschen in manchen Bereichen super Jobs machen und in anderen wieder nicht. In vielen Firmen ist jedoch leider kein Raum dafür, dass jeder Mitarbeiter seine persönliche Definition von Erfolg findet und auslebt. Das, was Erfolg zu sein hat, wird den Menschen dort von oben verordnet. Von den Mitarbeitern wird erwartet, dass sie sich dementsprechend verbiegen. Dinge tun, hinter denen sie nicht wirklich stehen und die sie nicht wollen. Das kann auf die Dauer nur schiefgehen.

Deswegen ist es anderen Firmen bei den Personalauswahlverfahren eben auch so wichtig, dass sich eine Person authentisch verhält. Denn nur dann kann man als Personalverantwortlicher auch herausfinden, ob dieser Mensch tatsächlich zur Position passt – nämlich in dem Sinn, dass er auf dieser Position die Möglichkeit vorfindet, seine persönliche Vorstellung von Erfolg auszuleben, und dies vor allem zum Nutzen der Firma zu tun. Es nützt niemandem, wenn Sie einen schüchternen Erbsenzähler auf einen Außendienstposten setzen, nur weil er es geschafft hat, sein Vorstellungsgespräch mit der Aufnahmeprüfung für eine Schauspielschule zu verwechseln und Ihnen den großen Zampano gegeben hat. Personalauswahl im Schnellverfahren funktioniert nun mal nicht. Schauen Sie genau hin! Erst wenn ein Mitarbeiter genau zu seiner Position passt, wird aus einem Job ein Beruf im Sinne einer echten Berufung.

Gut, dass es auch immer Erfolgsbeispiele gibt. Google ist so ein Erfolgsbeispiel. Dort agieren Alphachefs, die erkannt haben, dass Mitarbeiter auch Freiräume brauchen, um zu erkennen, was sie richtig gerne tun, was sie so wirklich vom Hocker reißt. Die Mitarbeiter dort dürfen 15 Prozent ihrer Arbeitszeit mit ihren Hobbys verbringen. Das Hobby eines Mitarbeiters war es, sich mit Satellitenbildern der Erde zu beschäftigen. Das tat er. An seinem Arbeitsplatz. Und entwickelte die Idee zu Google Earth, dem frei zugänglichen Weltatlas aus Satellitenbildern im Internet. Genial, oder?

Auch Wölfe tun das im Übrigen. Wenn die jungen Wölfe für die Jagd trainiert werden, bekommen sie auch die Möglichkeit, sich auszuprobieren, mit verschiedenen Rollen zu experimentieren, je nach Situation, in der diese Jagd stattfindet: Wie groß ist das Tier, das erlegt werden soll? Ist es ein einzeln lebendes Tier oder ein Herdentier, das von den übrigen Tieren seiner Herde getrennt werden muss? Ist das Gelände übersichtlich? Ist der Wolf, der sonst der ausdauerndste Läufer ist, gerade wegen einer Verletzung außer Gefecht gesetzt und muss ein anderer seinen Platz einnehmen? Hier sind die Wölfe äußerst flexibel und reagieren wie immer schnell auf sich verändernde Bedingungen.

Auch in Organisationen ändern sich Bedingungen, ändern sich Anforderungen, ändern sich Menschen. Wenn ein Mitarbeiter eine Zeit lang für eine Rolle hervorragend geeignet war, heißt

das noch lange nicht, dass dies bis in alle Ewigkeit so sein muss. Vielleicht wandeln sich seine persönlichen Ambitionen, Werte und Horizonte. Wo steht geschrieben, dass ein gelernter Schreiner – wie ich im Übrigen einer bin – sein Berufsleben lang Holz bearbeiten muss, nur weil er sich in jungen Jahren dafür entschieden hat?

Als mir aufging – dank neuer Informationen und Erkenntnisse über mich selbst und über die Möglichkeiten, die mir der Handwerksberuf eröffnete beziehungsweise eben nicht eröffnete –, dass ich beispielsweise als Ingenieur viel bessere Perspektiven haben würde, entschied ich mich zu einer entsprechenden Ausbildung. Und so geht es vielen Menschen: Was vor zehn Jahren einmal für sie wichtig war, darf sich verändern und muss nicht ein Leben lang Gültigkeit haben.

Ein Alphachef glänzt auch hier durch Einfühlungsvermögen und Sensibilität. Er spürt Veränderungen und Entwicklungswünsche bei seinen Mitarbeitern, denn er kann sowohl die Person als auch deren Potenzial gut einschätzen. Er beschäftigt sich weniger mit Prozessen und Maschinen, sondern mehr mit den Menschen.

Auch diese Lektion kann er vom Alphawolf lernen: Der wacht zwar durchaus darüber, dass die Rollenverteilung eingehalten wird. Er ist aber andererseits auch ein aufmerksamer und liebevoller Rudelvater, der intensiv präsent ist, sodass er Veränderungen bei den Rudelwölfen sofort registriert, besonders die Veränderungen bei den Fähigkeiten. Vielleicht hat einer der Wölfe durch eine Verletzung oder eine Krankheit nicht mehr alle körperlichen Fähigkeiten, die er braucht, um seine Rolle gut auszufüllen. Vielleicht ist ein anderer Wolf herangewachsen und hat sich für eine neue Rolle profiliert. Vielleicht hat ein Wolf das Rudel verlassen und jetzt muss sein Platz

ausgefüllt werden. Ursachen dafür gibt es viele. Und darauf reagiert der Alphawolf, indem er zulässt, dass sich Positionen in der Rudelhierarchie ändern, auch außerhalb der Ranzzeit – in der sowieso nichts bleibt, wie es vorher war, denn dann geht es darum: Wer darf sich reproduzieren und wer nicht? Das Rudel ist dann quasi in einem Ausnahmezustand.

Im Prinzip ist innerhalb des Wolfsrudels alles in einer stetigen Bewegung. Das, was dem Rudel guttut, wird verändert, in einem Verbesserungsprozess, der niemals endet. Schwache Tiere steigen in der Rangordnung ab, starke steigen auf. Das Rudel ist zwar von einem Drang zur Stabilität geprägt, der aber gleichwohl dynamisch ist. Überleben heißt das Ziel. Und das geht nicht mit einem Loser an der Spitze.

Vorsicht, Motivationstrainer!

„Motivation hat nur der, der sich emotional voll und ganz mit einem Unternehmen identifiziert!" – können Sie dieses Geschrei der Motivationsgurus auch nicht mehr hören? Ich halte solcherlei Aussagen für fahrlässig und gefährlich. Diese Art von Motivation ist keine Motivation, sondern die subtilste Form von Ausbeutung. Denn die Mitarbeiter werden dazu gezwungen, ihre Seele zu verkaufen. Da ist es dann nicht mehr als verständlich, dass sie ihr Glück bei den Diskusfischen, in der Stadtverordnetenversammlung oder beim Muskelaufbau suchen. Eine Identifikation mit dem Unternehmen ist vor allem dann kontraproduktiv, wenn das Unternehmen die Leistung eines Mitarbeiters ausbeutet und ihn sofort wegwirft, sobald es keinen Nutzen mehr von ihm hat. Dann kommt definitiv zu wenig zurück.

Nur das langfristige Alphadenken bewahrt vor solch falsch verstandener Motivation. Ein Mitarbeiter hat von einem Unternehmen den Nutzen, dass er Schutz und gewisse Privilegien genießt. Genau wie die Wölfe. Auch sie genießen Schutz, weil sie dem Rudel angehören (sie werden auch in Zeiten durchgefüttert, in denen sie schwächer sind). Dafür bringen sie die Leistung, die dem gesamten Rudel nützt.

Alle für einen, einer für alle. Wenn dieser Satz nicht nur für Musketiere und Wölfe, sondern auch für Unternehmen gilt – und man als Mitarbeiter nicht bei jeder kleinsten Aktienkursschwankung Angst haben muss, dass man vor die Tür gesetzt wird –, dann können sich Unternehmen auf die Loyalität und die Leistung eines Systemmitglieds verlassen.

Die Herausforderung für Alphachefs besteht darin, das, was der Mitarbeiter vom Unternehmen zurückbekommt, zu kommunizieren. Der Chef muss sagen: „Das sind die Bedingungen, zu denen wir euch hier aufnehmen und durchfüttern. Ein kleines Formtief könnt ihr euch leisten. Wenn unser Ballon aber im Sinkflug ist, dann müssen wir auch Ballast abwerfen."

Wenn Not am Mann ist und die Belegschaft Einbußen hinnehmen muss – beispielsweise den Wegfall von außertariflichen Zulagen, zwei Stunden Arbeitszeit pro Woche mehr, Verzicht auf Businessclass-Tickets oder das Upgrade auf den nächsten Dienstwagen –, kann das vermutlich jeder nachvollziehen, wenn es anständig und vor allem glaubwürdig kommuniziert wird. Denn allen Beteiligten ist klar, dass permanente Wohlstandssteigerung, immerwährendes Wachstum, sinkende Arbeitszeiten volkswirtschaftlich irgendwann an Grenzen stoßen. Wenn heute in Unternehmen dagegen Panikaktionen gestartet und auf einen Schlag 50.000 Mitarbeiter ausgegliedert werden sollen, kann das kein Mensch mehr nachvollziehen.

Klar, ein Alphachef ist eben nicht nur der große Socializer, sondern auch der Überbringer unangenehmer Wahrheiten. Aber je eher er Klartext redet, desto glaubwürdiger ist er. Wenn ein Unternehmenschef sich hinstellt und im Brustton der Überzeugung seinen Mitarbeitern eine Beschäftigungsgarantie bis 2010 dafür verspricht, dass sie auf einen Teil ihres Lohnes verzichten, nur um ein Dreivierteljahr später Übernahmeverhandlungen mit einem Konkurrenten zu starten, dann ist da etwas faul. Dann kann er keinem erzählen, dass die Übernahme nicht schon längst ausgemachte Sache war. Und kein Mitarbeiter wird von diesem Tag an frohen Mutes und motiviert zur Arbeit erscheinen.

Da geht es den Wölfen besser: Im Wolfsrudel wird keiner belogen. Da sind die Informationen authentisch. Daraus erwächst Vertrauen – als Grundlage jeder erfolgreichen Zusammenarbeit. In manchen Unternehmen sind viele Mitarbeiter nur damit beschäftigt, herauszufinden, wer sie gerade hintergeht: Ist es diesmal die Werksleitung, der Vorstand, der Aufsichtsrat oder gleich alle zusammen? Wer ständig Böses befürchtet und erwartet, verzehrt viel Energie. Wenn wir diese Energie zum Nutzen aller einsetzen könnten, hätten wir ein paar Probleme weniger.

5
Talente
Warum es gut ist, dass die besten Wölfe das Rudel verlassen

Erinnern Sie sich an die zweite Fähe in unserem Wolfsrudel? Sie ist die Schwester des Betawolfs. Und bei ihr hat sich auf einmal etwas verändert. Ihr bisher schüchternes und distanziertes Wesen macht einem rebellischen Ausdruck Platz. Sie tritt forscher auf. Stolziert mit halb erhobener Rute zwischen den übrigen Wölfen umher. Unterlässt auf einmal die Demutsbezeugungen gegenüber der Alphafähe. Diese protestiert zwar und fordert die bisher üblichen Gesten der Unterwerfung ein, indem sie immer wieder die Nähe zu Fähe 2 sucht. Doch Fehlanzeige: Fähe 2 lässt das kalt: Sie geht ihrer Anführerin einfach aus dem Weg. Dafür sucht Fähe 2 jetzt die Nähe zum Alpharüden. Sie reibt sich an ihm, und das ziemlich aufdringlich. Zieht ihn am Fell. Wirft sich vor ihm auf den Boden. Sie buhlt um seine Aufmerksamkeit.

Die gespannte Stimmung zwischen den beiden Wölfinnen überträgt sich nach und nach auf das gesamte Rudel – jeden Tag ein bisschen mehr. Fähe 3 und 4 knurren sich immer wieder an, machen sich das Futter streitig, versuchen sich gegenseitig zu Boden zu drücken. Zuerst im Spiel, aus dem aber nach und nach Ernst wird. Immer wieder drohen sie auch Fähe 2, greifen sie an, werden jedoch von der älteren und stärkeren Wölfin schnell in die Schranken verwiesen.

Eines Morgens, kurz nachdem sich die Wölfe von ihrer nächtlichen Ruhephase erhoben haben, eskaliert der Konflikt zwischen Fähe 2 und der Alphafähe. Im einen Moment schnüffelt Fähe 2 noch im Gras herum, im nächsten greift sie die Alphawölfin, die ein paar Meter neben ihr steht, ohne jede Vorwarnung an. Von hinten! Sie beißt mit aller Kraft in die linke Flanke der Wölfin. Die beiden sind sofort in einen Kampf verwickelt. Scheinbar auf Leben und Tod. Fast lautlos. Schnell sind die anderen Wölfe zur Stelle. Jetzt zeigt sich, wer die Hausmacht im Rudel hat: Die Rüden halten sich zwar zurück, die Alphawölfin bekommt jedoch Hilfe von den anderen Fähen, die auf Fähe 2 losgehen.

In dieser heiklen Situation rächt sich für Fähe 2, dass sie es in der Vergangenheit versäumt hat, andere Rudelmitglieder an sich zu binden. Nun hat sie niemanden, der ihre Partei ergreifen und sie im Kampf unterstützen würde.

Der Kampf ist schnell entschieden. Sie verliert. Und erkennt: Der Weg nach oben ist ihr verwehrt. Kein Platz an der Spitze für sie. Es bleibt ihr nur eins: das Rudel zu verlassen. Bliebe sie da, würden ihr in Zukunft die anderen Rudelmitglieder das Leben zur Hölle machen, denn sie hat ihre dominante Stellung gegenüber allen anderen verloren.

Maus statt Moschusochse

Wenn junge Wölfe Ehrgeiz haben, wenn sie in der Rangordnung nach oben kommen wollen, dann können sie das nur, sofern sich in der Alphagruppe Veränderungen ergeben. Sei es durch Kämpfe und Verlust des Ranges bei einem der ranghohen Tiere oder sei es, dass eines der älteren Tiere stirbt. Dann können die Jungtiere vorstoßen. Wenn sie keine Chance haben, verlassen sie früher oder später das Rudel. Entweder sie gehen freiwillig oder sie werden von den anderen vertrieben – nachdem sie zum Teil über Wochen hinweg Konflikte und Kämpfe austragen mussten.

Letzteres passiert oft weiblichen Tieren, die von der Alphafähe verjagt werden. Rüden hingegen verlassen eher freiwillig das Rudel – ältere Tiere, weil sie ihren Platz in der Rangordnung verloren haben, junge Tiere, weil sie aufgrund der stabilen Verhältnisse im Rudel nicht weiter aufsteigen können.

Ausschließlich bei Gehegewölfen hat man noch ein besonderes Phänomen beobachtet, nämlich dass ein einzelnes Tier – der „Omega" – die Rolle des letzten im Glied spielt und als immerwährender Blitzableiter benutzt wird. Omegawölfe, die über lange Zeiträume ständig alles abbekommen, gibt es in der freien Natur nicht.

Geht ein Wolf für immer, muss er sich ziemlich großen Gefahren aussetzen. Der Schutz durch das Rudel ist nicht mehr gegeben. Er ist leichter von Feinden angreifbar und muss harte Entbehrungen erdulden – denn alleine ist er längst nicht der erfolgreiche Jäger, der er innerhalb des Rudels ist. Auf dem Speiseplan steht dann Maus statt Moschusochse. Vielleicht muss er auch sehr lange suchen, bis er einen Partner oder eine Partnerin findet, mit der er ein neues Rudel gründen kann.

Vor dem Moment, in dem ein Wolf das Rudel freiwillig verlässt, geschieht also eine Art Risikoabwägung. Der Wolf „fragt" sich: Unterwerfe ich mich den Spielregeln des Rudels und akzeptiere meine niedrige Position in der Rangfolge? Oder stelle ich eigene Regeln auf, weil mir die Richtung hier nicht passt, weil ich meine individuellen Ziele – sprich in die Position des Alphawolfs aufsteigen und Gene weitergeben – hier nicht durchsetzen kann, mein Talent und meine Fähigkeiten nicht ausleben kann? Wenn der Wolf das erkennt und der Drang,

eine hohe Rangposition einzunehmen, größer wird – größer als die Angst vor Entbehrungen und Schutzlosigkeit – dann verlässt er das Rudel.

Die daraus resultierenden Rudelumbildungen geschehen meistens im Frühjahr und im Herbst, einer Zeit erhöhter sozialer Unruhe in den Rudeln. Im Sommer ist das Rudel mit der Welpenaufzucht beschäftigt, im Herbst dagegen setzen neue Rangordnungskämpfe ein, denn nun erobern sich die heranwachsenden Welpen einen Platz in der Sozialstruktur. Die beginnende Ranzzeit beendet diese Kämpfe, die zum Ende des Winters hin aber wieder aufflammen, da der Druck von oben nachgelassen hat. Mit Beginn der neuen Aufgabe – der Welpenaufzucht – lassen diese Kämpfe dann wieder nach.

Gefühlte Kündigung

Verlässt ein Wolf freiwillig das Rudel, geschieht dies selten von heute auf morgen. Vielmehr sondert er sich über einen längeren Zeitraum immer wieder für mehrere Stunden ab, streift allein umher, bleibt auch mal einen ganzen Tag oder mehrere Tage weg. Wäre er der Mitarbeiter eines Unternehmens, würde man sagen: Er ist zwar körperlich noch anwesend, engagiert sich aber nicht mehr, schaut sich nach einer anderen Position um und hat innerlich bereits gekündigt.

In einem Seminar, das ich vor einiger Zeit leitete, fiel mir einer der Teilnehmer besonders auf. Er folgte interessiert und wissbegierig den Inhalten der Weiterbildung, war engagiert und brachte auch sein Wissen konstruktiv ein. Kam die Rede jedoch auf das Unternehmen, für das er arbeitete, war von seinem Engagement und Interesse nicht mehr viel übrig. „Ich würde da ja gerne was anders machen, aber ich kann nicht“, hieß es auf meine Nachfrage. Es stellte sich heraus, dass er mit den sich rasant verändernden Arbeitsbedingungen in seinem Unternehmen nicht mehr zurechtkam. Ihm wäre es lieber gewesen, die Änderungen gingen etwas langsamer vor sich. Er fühlte sich ausgeschlossen und fand, dass ihm zu wenig Entwicklungsperspektiven eingeräumt würden. Seine Äußerungen spiegelten also seine innere Kündigung, die innere Haltung zu seinem Unternehmen wider: zynisch und resigniert.

Ein anderes Beispiel, das ich selbst in der Rolle als Vorgesetzter erlebte, ist mir ebenfalls sehr deutlich in Erinnerung geblieben: Einer meiner Mitarbeiter war in seiner Abteilung als Urlaubsvertretung seines Chefs eingesetzt. Er nutzte seine Chance und bewies hohes Potenzial, denn der Laden lief in diesen zwei Wochen besser als unter dem eigentlichen Abteilungsleiter. In den Wochen danach sprach ich mit diesem Mitarbeiter, denn mir war klar: Er hatte Blut geleckt. Mit seiner untergeordneten Rolle würde er sich nicht mehr zufriedengeben, sondern sich eher heute als morgen auf die Suche nach neuen Herausforderungen machen. Und siehe da: Er hatte schon ein Angebot eines anderen Unternehmens in der Tasche.

Ich bot ihm mehr Gehalt – eine höhere Position hatte ich aber leider nicht für ihn, zumindest nicht in diesem Moment. Der Mitarbeiter entschied sich, zu dem anderen Unternehmen zu wechseln, denn dort konnte er das Potenzial verwirklichen, das in ihm steckte. Das tat mir auf der einen Seite leid, denn ich verlor einen sehr kompetenten Mitarbeiter. Auf der anderen Seite war aber auch klar: Wäre er bei uns geblieben, hätte das nur für Ärger gesorgt.

Der Blick auf das Wolfsrudel zeigt, warum. Wäre Fähe 2 nach dem entscheidenden Kampf im Rudel geblieben, hätte sie dort auf die Dauer keine Pfote mehr auf den Boden gekriegt – von den anderen Wölfen nicht mehr als Mitglied der Familie

akzeptiert, ohne Chance, ihre Position auszufüllen, geschweige denn zu verbessern. Ihre Anwesenheit hätte zu nichts anderem als ständigen Aggressionen und Kampfhandlungen geführt, hätte dem Gesamtsystem geschadet und vermutlich irgendwann – der Heftigkeit des Kampfes mit der Alphawölfin nach zu schließen – ihren Tod bedeutet.

Menschen in Unternehmen verhalten sich da nicht viel anders: Gute Mitarbeiter, die aufsteigen wollen und daran in irgendeiner Form gehindert werden, versuchen stets, sich den Platz zu erkämpfen, den sie für sich als geboten erachten. Ist dieser Platz schon von einem anderen kompetenten und bestens dafür qualifizierten Mitarbeiter besetzt, wird es gewiss Konflikte und Streitereien geben. Menschen verfügen da über ein durchaus beachtliches Arsenal an Möglichkeiten: Es reicht von der Unsitte, Informationen zurückzuhalten, über verbale Angriffe in Besprechungen bis hin zu scheinbar zufälligen Bemerkungen, mit denen die Gerüchteküche kräftig angeheizt wird. Einziges Ergebnis des Ganzen: Die Leistungsfähigkeit der Organisation wird geschwächt. Und zwar nachhaltig.

In einer Maschinenbaufirma war ein junger, intelligenter und sehr engagierter Ingenieur beschäftigt. Sein Studium lag bereits einige Jahre hinter ihm und er hatte sich in dem Unternehmen die ersten Sporen verdient. Mit den Kollegen kam er prächtig aus, er war beliebt und seine fachliche Expertise wurde hoch geschätzt. Einem Kunden des Unternehmens blieb das nicht verborgen, denn der junge Maschinenbauingenieur leistete bei der Betreuung dieses Kunden hervorragende Arbeit. Der Kunde machte ihm deshalb ein sehr attraktives Übernahmeangebot: mehr Gehalt, Personalverantwortung, viele Auslandseinsätze. Der Maschinenbauingenieur ließ sich den Mund gehörig wässrig machen – obwohl er eigentlich kein echtes Interesse an dem Wechsel hatte. Dazu war das Arbeitsklima an seinem jetzigen Arbeitsplatz viel zu gut. Sein Anfahrtsweg war erheblich kürzer. Und Auslandseinsätze waren auch nicht wirklich sein Ding. Mehr Gehalt und Führungsverantwortung dagegen schon.

Der Abteilungsleiter und damit direkte Vorgesetzte des jungen Ingenieurs hatte von dem Moment, in dem das Übernahmeangebot ausgesprochen war, keine guten Zeiten mehr. Denn der Ingenieur stellte bei seinem Chef auf einmal alles infrage: seinen Führungsstil, die Qualität seiner Arbeit, seine fachliche Kompetenz. Es war wie im Zoo – er war wie ein bis dahin zahmer und dann auf einmal wild gewordener Affe, der in seinem Käfig an den Gitterstäben rüttelt. „Ich will hier raus!", war alles, was er dachte und durch sein aufmüpfiges Verhalten auch signalisierte. Er ging sogar so weit, dass er sich beim Vorgesetzten seines Chefs einschmeichelte und die Kollegen aus anderen Abteilungen in den Konflikt mit hineinzog. Die verstanden da aber keinen Spaß. Unterstützung bekam er von keiner Seite.

Irgendwann wurde es seinen Vorgesetzten zu dumm. Sie wollten ihn zwar nicht verlieren, weil er ein fähiger Mitarbeiter war, doch so weitergehen konnte es auch nicht. Also boten sie ihm an, ihn in ein anderes Werk zu versetzen und ihm mehr Verantwortung zu übertragen – für zunehmend umfangreichere und komplexere Projekte und damit auch größere Projektteams. Am Ende bekam jeder, was er wollte. Die Ruhe kehrte in die Abteilung zurück und der Erfolg des gesamten Systems war wieder möglich. Und genau darum ist es gut, dass die Besten gehen. Auch wenn der erste Impuls oft ist, sie halten zu wollen.

Chefabbau statt Personalabbau

Nicht immer reagieren die besten Mitarbeiter aggressiv, wenn sie am Aufstieg gehindert werden. Manche resignieren auch, machen Dienst nach Vorschrift und leben ihre Vorstellungen von Erfolg eben in ihrer Freizeit aus. Gerade darum ist es so gefährlich, die fähigsten Mitarbeiter zu lange auf ihren Positionen zu belassen. Weil dieses resignierte Verhalten viel schlechter zu erkennen ist. Und weil es ein Unternehmen nachhaltig schädigt.

Dazu gibt es immer wieder erschütternde Studien und Statistiken. Da ist die Rede von 9,7 Prozent des deutschen Bruttoinlandsprodukts, die durch mangelnde Produktivität aufgrund nicht vorhandener Bindung an das Unternehmen in den Sand gesetzt werden. Oder von einem gesamtwirtschaftlichen Schaden um die 250 Milliarden Euro. Wer als Führungskraft Alphaqualitäten beweisen will, ist in derartigen Situationen noch mehr gefragt – und zwar in Sachen Beobachtungsgabe und Einfühlungsvermögen. Ohne sie erkennt er nämlich tatsächlich nicht, ob ein Mitarbeiter nur noch Dienst nach Vorschrift absolviert. Oder vor lauter Frust sogar schon dazu übergegangen ist, sein Unternehmen gezielt zu schädigen und ganz persönliche Rache zu nehmen. Wie es die drei Kollegen aus dem Nachbarbüro auch schon seit Jahr und Tag machen.

Vielleicht wäre es in vielen Unternehmen sinnvoll, nicht als Erstes Personal zu entlassen, wenn die Kosten gedrückt werden sollen, sondern den Chef an die Luft zu setzen und stattdessen einen zu rekrutieren, der von Personalführung wirklich etwas versteht.

In einem mittelständischen Unternehmen hatte sich ein Mitarbeiter der Marketingabteilung, ein stiller, zurückhaltender und bescheidener Mensch, der sehr qualifiziert war, aufgrund seiner bisherigen Leistungen und Verdienste völlig zu Recht Hoffnungen gemacht, den frei werdenden Posten des Marketingleiters übernehmen zu können. Das Ganze passierte nicht nur einmal, sondern gleich zweimal innerhalb des relativ kurzen Zeitraums von zwei Jahren. Beide Male wurde er für diesen Posten nicht berücksichtigt – aus persönlichen Gründen des Entscheiders, die sachlich nicht nachvollziehbar waren.

Das Ergebnis: Der Mitarbeiter ging in die innere Emigration. Seine Leistungsbereitschaft, seine kreativen Ideen, sein nie ermüdender Einsatzwille – ersatzlos gestrichen. Hatte ihm ja ohnehin nicht das gebracht, was er sich gewünscht und was er in seinen Augen auch verdient hatte. Also konnte er es genauso gut gleich bleiben lassen. Er führte keine engagierten Kundengespräche mehr, auch keinen Small Talk mit Geschäftspartnern. Über die Firmenstrategie machte er sich ebenso wenig Gedanken wie über die Verbesserung bestehender Prozesse. Er tat das, was in seiner Arbeitsplatzbeschreibung stand – mehr nicht. Und von Eigeninitiative oder davon, Verantwortung übernehmen zu müssen, stand da nun mal nichts. Es konnte ihm also auch keiner an den Karren fahren, wenn er das nicht mehr tat. Dachte er zumindest.

Nach außen hin sorgte er bei Familie und Freunden mit seinen abfälligen Äußerungen über seinen Arbeitgeber zunächst für Verwunderung. Nach und nach sprach es sich aber herum, dass dieser Laden keiner sein könne, für den man gerne arbeiten würde. Und überhaupt die Produkte – eigentlich hatten die noch nie etwas getaugt, oder? Auch gehörte auf einmal „Das Dilbert-Prinzip“ von Scott Adams zur Lieblingslektüre des Marketingmitarbeiters, jenes Buch rund um die Comic-Figur Dilbert, die die innere Kündigung und die daraus folgenden Maßnahmen zu einer legitimen Selbstverteidigungskunst erhebt.

Die Auswirkungen all dessen auf das Arbeitsergebnis des Teams? Auf den Erfolg des gesamten Systems? – Sie wissen, was ich Ihnen sagen will. Also lassen wir das und richten den Blick nach vorn.

Es kommt immer was Besseres nach!

Fallen Ihnen spontan zwei oder drei Ihrer Mitarbeiter ein, die nach Höherem streben und dafür auch qualifiziert sind? Die Sie so richtig gut finden und bei denen Sie froh sind, dass Sie sie haben? Und: Können Sie ihnen bessere Positionen und neue Entwicklungsperspektiven anbieten? Nein? Dann verabschieden Sie sich am besten gleich von ihnen. Und zwar am besten, indem Sie sich fragen: Warum ist es gut, dass dieser Mitarbeiter geht?

Die Frage erscheint zunächst widersinnig. Zieht der Mitarbeiter nicht Know-how und Kompetenz ab, wenn er das Unternehmen verlässt? Klar ist das so. Aber wer sagt denn, dass nicht ein noch besserer Mitarbeiter diesen Platz einnehmen könnte? Vielleicht sogar ein Mitarbeiter, der früher einmal dem Unternehmen angehört hatte? Eltern, die sich in der Erziehungszeit befunden haben, und nun wieder zurück ins Unternehmen wollen, können zum Beispiel ausscheidende Mitarbeiter gut ersetzen, denn da hat auch das Unternehmen ein relativ großes Interesse, diese Mitarbeiter wieder einzugliedern. Der Markt für gut qualifizierte Arbeitskräfte wird schließlich hierzulande nicht größer, da ist es für ein Unternehmen durchaus von Vorteil, wenn es Mitarbeiter integrieren kann, die sich im Unternehmen schon auskennen.

Innerhalb des Wolfsrudels werden diese Probleme instinktiv gelöst. Wie das geht, haben Sie schon gesehen: Wenn es ein aufstrebendes jüngeres Tier gibt, das sich einen höheren Platz

in der Rangordnung erobern will, ist es über einen längeren Zeitraum hinweg in unterschiedliche Rangauseinandersetzungen verwickelt. Meistens ist zunächst der Alpha gar nicht an diesen Auseinandersetzungen beteiligt, sondern die niederrangigen Wölfe. Kämpft sich der junge Wolf aber langsam nach oben, weiten sich die Positionskämpfe aus und irgendwann geht es eben auch Beta- oder Alphawolf an den Kragen.

Zu diesem Zeitpunkt werden dann auch die anderen Wölfe Stellung beziehen und entweder den bisherigen Inhaber der Position unterstützen und ihn in dieser Position stärken – oder ihn eben fallen lassen, indem sie sich auf die Seite des aufstrebenden Tieres schlagen. Das tun sie, wenn sie erkennen, dass der junge Wolf ein größeres Potenzial hat und dem Rudel als Gesamtsystem mehr nützt als der bisherige „Stelleninhaber". Wenn ein guter Wolf das Rudel jedoch verlässt, dann kann man 100-prozentig davon ausgehen, dass es im Rudel ein Tier gibt, das entweder die gleichen guten Eigenschaften oder sogar noch bessere Eigenschaften aufweist.

Das spielt sich in einem Unternehmen haargenau so ab: Wenn ein Mitarbeiter aus dem Unternehmen ausscheiden will, dann wird er in diesem Bestreben unterstützt, wenn er bisher seiner Rolle nicht gerecht wurde. Dann entscheiden sich die Mitarbeiter dafür, den Wandel zu befürworten. Hat er diese jedoch gut erfüllt, trauern seine Kollegen um ihn und versuchen, ihn zu halten. Sie wollen dann, dass alles so bleibt, wie es immer war.

Als Alphachef erkennen Sie also genau, ob sich ein Mitarbeiter innerlich schon längst verabschiedet hat und nach einer neuen Stelle sucht. Und Sie wissen, ob es sich lohnt, ihn zu halten. Noch wichtiger: Wenn Sie Ihrem aufstrebenden Mitarbeiter keine höhere Position anbieten können, dann prüfen Sie, ob

die Organisationsstruktur geändert werden und eine Stelle geschaffen werden kann. Geht auch das nicht, können Sie Ihrem Mitarbeiter natürlich schlecht Ihren eigenen Sessel anbieten. Aber gemeinsam mit ihm überlegen, wie die Abwanderung für beide Seiten positiv gestaltet werden kann. Und dann lehnen Sie sich entspannt zurück. Denn es kommt fast immer etwas Besseres nach!

Warum der Beste geht – und trotzdem bleibt

Dass fähige Mitarbeiter gehen, ist noch aus einem ganz anderen Grund richtig und wichtig: Stellen Sie sich ein Wolfsrudel vor, das nur aus Alpha- und Betatieren bestünde. Das geht gar nicht! Das wäre kein Rudel, sondern ein in immerwährende Rangkämpfe verstrickter Haufen. Und jetzt stellen Sie sich ein Unternehmen vor, in dem es nur Spezialisten mit einem immensen Wissen gäbe, das auch noch weitgehend deckungsgleich ist. Das geht genauso wenig – wie ich schon selbst erfahren habe. Diese Konstellation habe ich nämlich in meinem eigenen Unternehmen erlebt, das ich zusammen mit meiner Frau gründete. Wir haben beide Spezialwissen im selben Fachgebiet. Erst seit wir unsere Arbeitsbereiche strikt getrennt halten, sind die Konflikte kein Thema mehr, die vorher viel Zeit und Energie abgezogen haben.

Der Punkt ist: Die besten Leute beziehungsweise diejenigen mit den besten Führungsqualitäten sind ja auch immer die potenziellen Alphaanwärter. Und weil ein Team nicht nur aus Alphas bestehen kann, müssen die besten Leute hin und wieder ihren Posten räumen. Das bezieht sich jedoch nicht nur auf Führungskräfte, sondern gilt genauso für Fachkräfte, zwischen denen sich auf fachlicher Ebene genauso schnell Konflikte entwickeln können. Hier geht es dann nicht mehr um die

Eroberung einer höheren Position, sondern um die Positionierung als der Experte, der mit seinem Wissen am häufigsten glänzt. Wenn der beste unter den Experten das Unternehmen verlässt, ist der Konflikt erst einmal entschärft. Bliebe der entsprechende Mitarbeiter im Unternehmen – ohne jegliche Entwicklungsperspektive, unterfordert und unzufrieden –, schadete er der Organisation mehr, als dass er ihr nützte. Er kann die Organisation langfristig nicht nach vorne bringen.

Übrigens: Nicht immer muss der Beste zwangsläufig gehen. Er kann manchmal auch dableiben. Nämlich wenn er in der Lage ist, sich mit der Second-Best-Position zu arrangieren. Dazu gehört aber eine besondere innere Größe. Erinnern Sie sich noch an die Fußballweltmeisterschaft im Sommer 2006 in Deutschland und an die ihr vorausgehenden Positionskämpfe zwischen den beiden Torhütern der deutschen Nationalmannschaft, Oliver Kahn und Jens Lehmann – kräftig angeheizt von einer regelrechten Medienkampagne? Als der damalige Bundestrainer Jürgen Klinsmann den Konkurrenzkampf zugunsten Jens Lehmanns entschied, hätte es jeder verstanden, wenn Oliver Kahn der Nationalmannschaft den Rücken gekehrt hätte. Aber Kahn wäre nicht die Nummer 1 geworden ohne seinen starken Charakter, seine Durchsetzungsfähigkeit, sein Selbstbewusstsein. Und diese Soft Skills ermöglichten ihm dann, genau das zu tun, was einem der besten Wölfe würdig ist. Oliver Kahn hatte erkannt, dass er für das Team nicht mehr den Nutzen bieten würde, den er einmal geboten hatte, sondern dass für die Herausforderungen der anstehenden WM andere Qualitäten gefordert sein würden, die Jens Lehmann bot. Kahn besaß die Größe, genau diese Erkenntnis in die Tat umzusetzen und den Weg nicht nur freizumachen, sondern sich mit der untergeordneten Position als Nummer 2 zufriedenzugeben. Eine unvergessliche Szene: Vor dem Elfmeterschießen im Spiel Deutschland gegen Argentinien ging er zu Jens Lehmann und wünschte ihm Glück und Mut, nahm seine Hand, klopfte ihm auf den Rücken. Da saß die Nation vor den Bildschirmen und staunte.

Größe demonstrierte auch ein Unternehmer, als er sich aus der Leitung des von ihm aufgebauten Familienunternehmens zurückzog. Er übergab das seit Jahren erfolgreich wirtschaftende Unternehmen an seine beiden Kinder. Viele an seiner Stelle hätten wohl mit Argusaugen darüber gewacht, dass die neue Nummer 1 im Unternehmen keine Fehler macht. Sie hätten immer wieder unversehens eingegriffen und so schleichend die Autorität der neuen Leitung unterwandert.

Dieser Mann jedoch hatte zu einer anderen inneren Haltung gefunden: „Wenn sie mich um Rat fragen, dann helfe ich – ansonsten halte ich mich raus. Schließlich müssen sie ihre eigenen Fehler machen und daraus lernen.“ Und diese Haltung schuf die Voraussetzung dafür, dass der Nachwuchs sich konsequent entwickelte und dieses Unternehmen heute noch immer zu den erfolgreichsten am Markt gehört.

Wenn die Besten aus einer Truppe gehen – das heißt, wenn ein Unternehmen es zulässt, dass die Besten gehen – bleibt die Struktur eines Unternehmens genauso wie die eines Wolfsrudels dynamisch. Das Unternehmen passt sich immer den Umweltbedingungen an. Und es ist sichergestellt, dass sowohl Team als auch Rudel kontinuierlich aus den besten Kräften bestehen, fit bleiben und Kondition aufbauen. Die Besten sein bedeutet hier immer, motiviert und entwicklungsfähig zu sein. Das wäre nicht der Fall, wenn sich Team oder Rudel mit einer einmal aufgebauten Struktur zufriedengeben würden.

Wenn einer aus dem Hörer bellt …

Lassen Sie uns noch einmal einen Schritt zurücktreten. Wenn man ein Team aus lauter Besten haben will, muss man erst einmal dafür sorgen, dass entweder nur die Besten reinkommen, oder man muss die Neuankömmlinge zu den Besten ausbilden. Nicht nur bei Wölfen zeigt sich früh, wer ein talentierter Wolf ist. Wer von klein auf eine herausgehobene Rolle anstrebt.

Wenn man führt wie ein Alpha, sieht man auch beim Nachwuchs im Unternehmen relativ schnell, wer da mit welchem Anspruch an sich und die Welt unterwegs ist, wer neugierig und aufnahmebereit ist, wer Biss hat und wer eher vorgekaute Kost braucht. Wer fähige Talente erkennen will, muss genau hinschauen. Zeugnisse zu studieren hilft in diesem Fall wenig bis gar nichts.

In meinem Unternehmen wählen wir unsere Auszubildenden in mehrstufigen Auswahlprozessen aus. Natürlich lesen wir auch die Zeugnisse. Wir tun aber mehr als das: Es gibt erst ein Telefoninterview, dann kommen die Ausbildungsplatzanwärter zu einem Tag Probearbeit zu uns. Wir achten bei diesen Berufsanfängern weniger auf die Fachkompetenz als auf die Sozialkompetenz: Wie verhält sich jemand anderen Menschen, seinen potenziellen Kollegen und Vorgesetzten gegenüber? Wie geht er mit Arbeitsmaterialien um, die man ihm gibt? Räumt er die Dinge weg, mit denen er gearbeitet hat, oder lässt er alles stehen und liegen? Arbeitet er eigenverantwortlich? Oder wartet er lieber, bis man ihn zur Arbeit trägt?

Wir machen uns auch immer ein Bild davon, welchen familiären Hintergrund jemand hat. Sehr aufschlussreich ist immer wieder das Telefoninterview: Meldet sich jemand anständig mit Vor- und Nachnamen? Und wie melden sich andere Familienmitglieder? Wird einfach nur „Ja!" in den

Hörer gebellt? Läuft im Hintergrund schon am Nachmittag der Fernseher?

Ähnliches Augenmerk richten wir aber auch bei berufserfahrenen Bewerbern auf die persönlichen Werte, die jemand hat. Natürlich ist bei einem Ingenieur der fachliche Hintergrund wichtig: Ist hier jemand auf dem neusten Stand der Dinge, kennt er sich mit Methoden und Verfahren aus? Aber auch bei Ingenieuren muss der Wille zur persönlichen Weiterentwicklung erkennbar sein. Aus einem Einbeinigen machen Sie keinen Ben Johnson. Nur auf das Fachliche zu schauen, wäre fatal. Als Alphachef beobachten Sie immer genau, wie ein Bewerber sich in sein neues Umfeld einpasst. Passt er nicht hinein, sind Konflikte vorprogrammiert, die Zeit und Kraft kosten und das ganze Team davon abhalten, erfolgreich seine Arbeit zu tun.

Auch in einem Wolfsrudel zeichnet sich früh ab, welcher der Welpen es zu etwas bringen wird. Das geht bei der Futterverteilung los. In der Regel ist einer der Welpen der durchsetzungsstärkste. Die anderen bekommen wegen seiner Ansprüche weniger ab und werden schwächer. Es gibt Jungtiere, die zufrieden sind mit dem Platz im Rudel, der ihnen quasi zugewiesen wird. Es gibt andere, die sich schon sehr früh wie kleine Alphas gebärden.

Nur die Besten überleben. Die Welpensterblichkeit bei den Wölfen beträgt – je nach Rudelgröße – bis zu 75 Prozent! Survival of the Fittest, so heißt das bekanntlich. Nur dadurch ist gewährleistet, dass auch ein Rudel immer aus den besten Kräften besteht und überleben kann. Das muss aber nicht heißen, dass die kleinen Wölfe, die in dem einen Rudel zu den schwächeren Tieren gehören, dies auch automatisch in einem anderen Rudel wären. In einem Jagdgebiet, in dem einem die

Beute vor die Pfoten fällt, kann man auch durchaus überleben, wenn man nicht in der Lage ist, einem Beutetier zwei Tage hinterherzujagen. Dennoch sterben Welpen, weil sie im Sozialverband eines Rudels keinen passenden Platz finden.

Ähnliches gilt für Unternehmen: Menschen, die in einem Unternehmen keinen adäquaten Platz finden, bekommen in einem anderen durchaus die ihnen entsprechende Position. Nicht überall wird eine 60-Stunden-Woche erwartet und die Altersgrenze auf 36 Jahre gelegt. Jedes Unternehmen definiert Leistung anders. Wichtig ist, dass man das Unternehmen findet, dessen Leistungsanspruch zur eigenen Leistungsfähigkeit passt.

Menschen, die aus den unterschiedlichsten Gründen gar keinen Arbeitsplatz haben und auch niemals einen bekommen werden – die gibt es natürlich auch. Im Gegensatz zu den Wölfen lassen wir in unseren Gesellschaften diese „Rudelmitglieder" aber nicht sterben, sondern haben unterschiedliche Strukturen geschaffen, um sie aufzufangen. Das zeichnet uns als Menschen aus. Die Strukturen, die wir dafür etabliert haben, sind allerdings spezieller Natur und unterliegen keiner echten Wettbewerbssituation – obwohl sie oft genug auf dem Markt agieren, wie etwa Behindertenwerkstätten. Und auch wenn sie nur knappe Gewinne erwirtschaften und auf staatliche Finanzierung angewiesen sind, produzieren sie doch etwas – nämlich Zugehörigkeit, Sinn und Zusammenhalt.

6

Zukunft

Warum bei der Nachwuchspflege jeder Wolf mithilft

Das Wolfsrudel entwickelte sich ständig weiter. Jetzt war es Frühling – und schon wieder hatten sich Dinge verändert. Im März hatte die Alphawölfin mehr und mehr die Führung des Rudels bei den Jagdausflügen übernommen. Sie hatte täglich die Richtung bestimmt, die das Rudel einschlug. Und dabei ausgiebig das Territorium untersucht, an Stellen mit sandigem Boden geschnüffelt, genauso wie in der Nähe von großen Steinen und am Fuß von einzeln stehenden Fichten. Sie suchte einen geeigneten Platz, um eine Höhle zu graben, in der sie ihre Welpen sicher auf die Welt bringen und die ersten Wochen versorgen würde.

An dem Platz, der später für lange Zeit das Hauptlager des Rudels werden sollte, war sie schließlich fündig geworden: Am Fuß einer kleinen Anhöhe, im Schatten einer großen Fichte und hinter ein paar Büschen versteckt hatte sie angefangen, die Höhle zu graben. Innerhalb von Tagen entstand ein Gang von etwa einem halben Meter Durchmesser und einer Länge von ein bis drei Metern, an dessen Ende schließlich eine runde Kammer angelegt wurde. Die großflächigen Wurzeln der Fichte würden verhindern, dass das Dach der Höhle einstürzte. Die Alphawölfin hatte sich aber nicht mit einer einzigen Höhle zufriedengegeben. Nein, sie hatte nur ein paar hundert Meter entfernt noch eine zweite angelegt. Falls ihre

Jungen in der ersten Höhle nicht mehr sicher sein würden, könnte sie sie dorthin bringen.

Noch kurz bevor die Welpen auf die Welt gekommen waren, war der Alphafähe nicht viel anzusehen gewesen. Lebhaft und beweglich wie immer hatte sie die Wanderungen des Rudels mitgemacht. Lediglich ihre Milchdrüsen waren gut erkennbar gewesen. Auch hatte sie begonnen, sich die Haare zwischen den Milchdrüsen herauszureißen. Ende April war es dann so weit: In der Höhle brachte sie drei Welpen zur Welt. In den ersten Tagen nach der Geburt wich der Alpharüde nicht vom Höhleneingang und vertrieb jedes Rudelmitglied, das Interesse an den dünnen Winsellauten zeigte, die aus der Höhle zu hören waren.

In der schützenden Wärme der Wurfhöhle stellte sich schnell heraus, wer der stärkste der drei Welpen war: Mit noch geschlossenen Augen und mit nicht viel mehr ausgestattet als einem Saugreflex zeigte Welpe 1 schon viel mehr Kraft als seine Geschwister, die er ebenso so schnell wie erfolgreich bei der Milchaufnahme abhängte.

Als die Welpen drei Wochen alt waren, durften sie zum ersten Mal die Höhle verlassen: für die neugierigen Rudelmitglieder ein aufregender Festtag. Alle wollten den Nachwuchs begrüßen, begutachten, beschnüffeln und ablecken. Das Alphapaar schützte die Wolfskinder aber noch vor allzu stürmischer Vereinnahmung.

In den ersten Wochen nach der Geburt war allein die Alphafähe für die Versorgung des Nachwuchses zuständig. Sie hatte dementsprechend auch die stärkste Bindung zu den Jungen. Aber nach ungefähr zehn Wochen hörte sie auf, die Welpen zu säugen – was sie zuletzt vor der Höhle im Stehen erledigt hatte. Von diesem Zeitpunkt an brachten sich auch die übrigen

Rudelmitglieder in die Aufzucht der Jungen ein. Vor allem Fähe 3 und 4 schleppten unentwegt Futter heran.

Waren die Kleinen hungrig, sprangen sie an den älteren Wölfen hoch und leckten ihnen die Schnauze. Dadurch lösten sie einen Reflex aus, der die Tiere dazu brachte, einen vorverdauten Fleischbrei hochzuwürgen und ihn an die Jungen zu füttern. Die rangniederen Rüden spielten auch ausdauernd mit den Welpen. Alpha- und Betawolf hielten sich zwar relativ fern und achteten sehr darauf, dass die kleinen Wölfe ihre Individualdistanz respektierten – schrie jedoch einer der Welpen, waren sie sofort zur Stelle. Sie hatten die Aufpasser- und Beschützerrolle übernommen. Ging das Rudel auf die Jagd, blieb meistens eine der jungen Fähen als „Welpensitterin" zurück und passte auf, dass keiner dem Nachwuchs auf den flauschigen Pelz rückte.

Die Spiele der kleinen Wölfe waren ebenso wild wie ihr Umgang mit den Altwölfen respektlos. Da wurde auf den älteren Tieren herumgeturnt, sie wurden angesprungen, oft genug aus dem Hinterhalt, sie wurden am Fell gezogen – und das alles von früh bis spät. In den ersten Wochen hatten die älteren Tiere das noch ohne großes Gemurre über sich ergehen lassen. Doch als die kleinen Wölfe dann älter wurden, mussten sie lernen, wie weit sie gehen konnten und wie sie sich gegenüber den anderen Rudelmitgliedern zu verhalten hatten.

Selten setzten die älteren Wölfe härtere Erziehungsmaßnahmen ein als ein Knurren oder gebleckte Zähne. Mehr war auch nicht nötig, denn ihre spitzen kleinen Zähne bei den täglichen Raufereien im Zaum zu halten, lernten die kleinen Wölfe am intensivsten bei den Rangeleien mit ihren Geschwistern. Da bekamen sie die Konsequenzen eines zu festen Bisses immer gleich am eigenen Leib zu spüren.

Die Narrenfreiheit der Jungtiere endet aber in jedem Wolfsrudel spätestens, wenn sie ihre erste Wintersaison hinter sich haben und auch in der Jagd ausgebildet sind. Dann gibt es kein Pardon mehr: Die Jungtiere müssen sich bedingungslos den Spielregeln des Rudels unterwerfen. Oder sie müssen gehen.

Bauchlandung eines Überfliegers

Die Wölfe machen es uns mal wieder vor: Wer als Alphachef dafür sorgen will, dass der Nachwuchs effektiv ausgebildet oder eingearbeitet wird, der stellt sicher, dass sich alle berufserfahrenen Mitarbeiter dafür verantwortlich fühlen, ihre Erfahrungen weiterzugeben. Ist ein Unternehmen richtig aufgestellt, dann lernen dort die Jüngeren einfach von den Älteren. Das funktioniert so: Die Älteren – die sich mitunter auf ihren Erfahrungen etwas ausruhen – werden von Jüngeren angeschoben und sorgen ihrerseits dafür, dass die Jüngeren nicht übermütig werden. Wenn dies nicht geschieht, wenn jugendliche Antriebskraft und wilde Ideen überwiegen und keiner weiß, wie diese Kraft auf die Straße gebracht werden soll, passiert das, was wir zu Zeiten der New Economy allenthalben beobachten konnten: spektakuläre Bauchlandungen, die weniger von Nachhaltigkeit als vielmehr von gnadenloser Selbstüberschätzung zeugen.

Erinnern Sie sich noch an die seinerzeit in allen Medien ausgebreitete Geschichte des Jungunternehmers Lars Windhorst und seiner Firma? Im zarten Alter von 16 Jahren hatte er sein erstes Unternehmen gegründet, eine Computerfirma, aus dem innerhalb kürzester Zeit ein ganzes Imperium wurde. Die Windhorst-Gruppe machte Millionenumsätze und hatte Firmensitze im In- und Ausland. Windhorst beschäftigte mehrere Hundert Mitarbeiter und galt eine Zeit lang als echter Überflieger, als „Teenager-Tycoon", der nicht nur im Gefolge

des damaligen Bundeskanzlers Helmut Kohl durch China reiste, sondern auch andernorts mit den A-Promis dieser Welt zu Abend speiste. Clever, schlagfertig und charismatisch galt der Abiturient auf dem Vorstandssessel vielen als Beweis dafür, wie weit es die Jugend bringen könnte, wenn sie nur wollte.

Mitte der 90er-Jahre begann sich sein Überflug in einen Absturz zu verwandeln. Windhorst wollte immer höher hinaus, und verlor dort oben bald den Überblick. Seine Pläne, Aktionen, Geschäfte wurden spektakulärer, hochtrabender, haltloser. Für den angekündigten Windhorst-Tower in Saigon hatte er keine Baugenehmigung. Von den Windhorst-PCs, die Media Markt und Saturn angeblich in ihren Filialen verkauften, wussten die Elektronikhandelshäuser nichts. Erstmals tauchten Gerüchte auf, dass er sich übernommen haben könnte. Eine Firma nach der anderen wurde zahlungsunfähig. Windhorst fing an, alte Schulden mit neuen Krediten zu bezahlen. Unbezahlte Rechnungen, ungedeckte Schecks, vergrätzte Gläubiger, halb fertige Rohbauten unter der Zwangsverwaltung der Banken – was folgte, war das ganze Programm einer gescheiterten Unternehmerexistenz.

Im Jahr 2000 gab es einen ersten Entschuldungsplan, der feststellte, dass die Unternehmen der Windhorst-Gruppe schon seit Jahren überschuldet und insolvenzreif waren – und zwar aufgrund eklatanter unternehmerischer Fehlentscheidungen. Das boomende Internetgeschäft und ein geplanter Börsengang riefen zwar noch ein bisschen Optimismus bei Gläubigern und Öffentlichkeit wach, aber im Wesentlichen war die Sache gelaufen. Im März 2003 leistete Lars Windhorst seinen Offenbarungseid.

Ein bisschen erinnert mich Lars Windhorst an die kleinen wilden Hunde in den Abruzzen: zu groß, um gesäugt zu werden, zu klein, um sich selbst zu versorgen. Wer seinen Nachwuchs dagegen verantwortungsbewusst ausbildet, lässt ihn erst einmal in einer geschützten Position zuschauen und führt ihn später schrittweise an seine zukünftigen Aufgaben heran.

Ein Projektleiter beispielsweise kam frisch von der Uni und wurde in seiner ersten Festanstellung bei einem größeren Unternehmen sofort ins kalte Wasser geworfen. Das Personal war knapp und der Zeitrahmen für ein Projekt schon erheblich überschritten. Weil keine Zeit für eine ordentliche Planung da war, wurde dieser Uni-Abgänger mal eben zum Projektleiter ernannt und sollte ohne adäquate Erfahrung ein Projekt mit einem Budget von 1,5 Millionen Euro verantworten. Austauschmöglichkeiten mit Kollegen gab es dabei kaum, denn auch die anderen hatten alle Hände voll zu tun und standen unter extremem Zeitdruck. Der neue Projektleiter hatte von diesem Moment an nur noch schlaflose Nächte. Wie wahnsinnig muss man als Führungskraft sein, um einen Youngster derart unvorbereitet auf das Kerngeschäft des Unternehmens loszulassen? Es kam, wie es kommen musste: Das Projekt stürzte ins Chaos und das Unternehmen verlor eine Menge Geld.

Ein Alphachef nimmt sich ein Beispiel an den Wölfen. Nachwuchskräfte werden erst einmal als ganz normale Mitglieder ins Team aufgenommen und deren Beobachtungslernen wird gefördert. Er erklärt, was ansteht oder wie er beispielsweise in einer Besprechung zu agieren gedenkt, und bittet den Nachwuchs, darauf zu achten und hinterher Feedback zu geben. Das ist wesentlich bei der Ausbildung des Nachwuchses. Den Jüngeren beispielsweise zu sagen: „Achten Sie mal darauf, wie unser Gesprächspartner reagiert, wenn ich ihm sage, dass es so nicht weitergeht. Und hinterher reden wir drüber.“ Intensive Kommunikation zwischen Älteren und Jüngeren – das

ist es, was zählt. Ihren Kindern kaufen Sie ja auch nicht nur Nahrung und Kleidung, sondern sind ihnen ebenso Mentor und Pate.

Das funktioniert allerdings nur, wenn das „Rudel“ entsprechend strukturiert ist, wenn die Rudelmitglieder eng aneinander agieren, wie das bei den Wölfen der Fall ist. In Unternehmen agieren die Menschen, die sich tatkräftig unterstützen sollten, nicht immer dicht an dicht. Also muss man als Alphachef den Erfahrungsaustausch unter den Mitarbeitern institutionalisieren und zu einem Ritual machen.

Richten Sie doch einen Unterstützerkreis ein, der regelmäßig – zum Beispiel einmal im Monat – tagt, um ganz systematisch Erfahrungen auszutauschen. „Noch ein nutzloses Meeting, in dem nur geschwafelt wird!“ – das denken einige von Ihnen jetzt vielleicht. Oder wenn Sie es nicht denken, dann werden Sie denken, dass Ihre Mitarbeiter das denken, stimmt’s? Aber da Sie auf dem besten Wege sind, ein Alphachef zu werden, wissen Sie natürlich, wie Sie verhindern, dass dieses Meeting zu einem Debattierklub wird.

Nämlich so: Sie laden zu einer Besprechung ein. Aus dieser Einladung geht hervor, dass dieses Meeting dem systematischen Erfahrungsaustausch, der Projektoptimierung und der Weiterentwicklung der Projektleitung dient. Weil Sie Projekte optimieren wollen. Weil Sie verhindern wollen, dass die einen Mitarbeiter Fehler machen, deren Behebung dic anderen schon längst ausgetüftelt haben. Wenn Sie einen Aufhänger haben, der einen gewissen Leidensdruck bietet, umso besser. Wenn Sie dann noch eine Struktur schaffen, die die Umsetzung der erarbeiteten Erkenntnisse sicherstellt, haben Sie gewonnen: Erstellen Sie eine Agenda. Jeder der Teilnehmer darf Themen einbringen, die dann aber auch abgehandelt werden sollten.

Setzen Sie Metaplanwände ein, starten Sie Kartenabfragen, finden Sie Lösungen mithilfe von Kreativitätstechniken. Eine geschickte Moderation ist dabei immer unerlässlich.

„Neu hier? Dann mach ich das lieber selbst!“

Die Sache mit der Ausbildung des Nachwuchses funktioniert bei den Wölfen auch deswegen so gut, weil sie zur selbstverständlichen Rudelkultur gehört. In vielen Unternehmen klemmt es da erheblich. Da kommt ein neuer Mitarbeiter ins Haus, in eine Abteilung oder in ein Büro – und was passiert dann oft? Richtig: Es wird erst mal kräftig gemauert.

Bei einem großen Pharmakonzern kam beispielsweise unlängst eine promovierte Akademikerin neu in ein Team, das unterschiedliche Studien zur Verträglichkeit von Medikamenten durchführt. Kurz vor ihr waren zwei ebenfalls hoch qualifizierte Fachkräfte eingestellt worden. Die Führungskraft des Teams hatte anscheinend keine Lust mehr, jetzt noch eine dritte Person einzuarbeiten, und verwies die neue Kollegin an die beiden anderen Neulinge. Die wiederum hatten vor allem eins: Angst. Angst um ihre noch wacklige Position im Unternehmen. Angst davor, das Wissen, das sie sich gerade mühsam angeeignet hatten und immer noch aneignen mussten, gleich wieder preiszugeben. Lieber blieben sie darauf sitzen und sorgten so dafür, dass die neue Kollegin im Team keinen Fuß auf den Boden bekam.

Auch die Chefin des Teams grenzte die neue Kollegin aus, indem sie ihr keine Studien zur eigenständigen Abwicklung anvertraute. Das geschah immer mit dem Hinweis: „Sie wissen ja noch gar nicht, wie das geht. Das lassen wir mal lieber die Kollegin machen, dann läuft das wenigstens nach Plan.“ Ständig rannte die neue Kollegin irgendwelchen Informationen hinterher, die sie für ihre Arbeit gebraucht hätte, nur um später festzustellen, dass genau diese Informationen über einen bestimmten E-Mail-Verteiler ins Team kamen, auf dem sie als Einzige nicht war. Niemand hatte es für nötig gehalten, sie da draufzusetzen. Noch Monate nach dem Antritt ihrer neuen Stelle war die Naturwissenschaftlerin nicht in der Lage, die Arbeit zu tun, für die sie eingestellt worden war!

Und die Moral dieser Geschichte? Sie sind ein Alphachef, dann schaffen Sie eine angstfreie Atmosphäre in Ihrem Team, Ihrer Abteilung, Ihrem Unternehmen. Vermitteln Sie Ihren Mitarbeitern die Erkenntnis, dass sie als Gruppe, als Gesamtsystem, nur dann erfolgreich sein werden, wenn das Wissen an den Nachwuchs und die Neueinsteiger weitergegeben wird. Es reicht nicht, wenn nur die Ausbildungsgänge institutionalisiert sind. Auch der Know-how-Austausch sollte zu den Aufgaben jedes einzelnen Mitarbeiters gehören. Er sollte selbstverständlich sein. Jeder lernt von jedem. Jeder darf kommen und sagen: „Schau mal, ich hab' hier gerade im Intranet diese Auflistung von Short Cuts für die Textverarbeitung gefunden. Du hast doch neulich verzweifelt nach so was gesucht!" Die Frage ist immer: Wie bringt der eine Kollege das dem anderen rüber? Oberlehrerhaft? Oder mit einer Haltung, die signalisiert: Hier geht es nicht darum, dem anderen eventuelle Wissenslücken unter die Nase zu reiben, sondern Wissen zu teilen, damit sich alle gemeinsam weiterentwickeln können.

Ähnlich verhält es sich mit Ideen. In vielen Unternehmen zählt nicht, wie gut eine Idee ist, sondern allein, wer sie hatte. Ein Geistesblitz zur Rationalisierung bestimmter Abläufe von einem einfachen Fertigungsarbeiter? Undenkbar. Wozu hat man schließlich Maschinenbauingenieure? Und so landen viele wertvolle Verbesserungsvorschläge einfach im Müll. Auch hier sind die Alphaqualitäten der Führungskraft gefragt:

Sorgen Sie dafür, dass alle Ideen ernst genommen werden. Richten Sie eine unabhängige Instanz im Unternehmen ein, die Verbesserungsvorschläge der Mitarbeiter prüft und entweder ablehnt oder anonymisiert zur fachlichen Bewertung weitergibt. Der bewertete Vorschlag kann dann einem weiteren Gremium zum Umsetzungsentscheid vorgelegt werden. Wird er zur Umsetzung freigegeben, erhält der Mitarbeiter, der ihn eingereicht hat, eine Prämie. Das hilft wirklich weiter. Hierarchiedünkel dagegen nicht. Auch nicht die allgemein herrschende Einschätzung, dass nur Akademiker in der Lage seien, sich wirklich pfiffige Dinge auszudenken.

Unerklärliche Strategien

Die Erkenntnis im Bewusstsein der Mitarbeiter zu verankern, dass Wissen nur nützt, wenn es geteilt und weitergegeben wird, gehört zu den wichtigen Aufgaben eines Alphachefs. Wie gut das gelingt, ist unmittelbar damit verbunden, wie nah Sie als Führungskraft an Ihren Leuten dran sind. Sie haben schon in Kapitel 3 gelesen, dass ein Chef erst dann ein Alphachef ist, wenn er in der Lage ist, sich mitten unter seinen Mitarbeitern zu bewegen, wenn er den Kontakt zu ihnen hält, auf unterschiedlichen Ebenen mit ihnen sprechen kann, sich blicken lässt. Das hat Signalwirkung, auch für die mittleren Führungsebenen, die auf einmal sehen: „Oho, da haben wir ja tatsächlich mal einen Chef, der sich bis ganz nach unten begibt – dahin, wo die Menschen sind!“

Da entsteht dann auf einmal ein Klima der Offenheit, in dem Wissen kommuniziert und nicht als machtstabilisierendes Instrument missbraucht wird – immer nach dem Motto: „Diese Entscheidung ist Teil meiner persönlichen Strategie und die kann ich dir beim besten Willen nicht erklären.“ Es gilt, ein anderes Bewusstsein im Unternehmen zu verankern: Weiterentwicklung des Unternehmens und der eigenen Person und damit der Erfolg des Gesamtsystems gehen nur, wenn alle ihr Wissen teilen. Wer Wissen teilt, bekommt immer etwas zurück – entgegen allen anderslautenden Befürchtungen.

Diese Lektion steht im Übrigen auch den Mitarbeiterinnen des besagten Pharmakonzerns noch bevor. Die sind in Ängste verstrickt. „Jetzt habe ich mir mühsam das bisschen Wissen angeeignet und mir gerade einen einigermaßen akzeptablen Stand bei meiner Chefin gesichert", sagen sie sich, „und jetzt kommt diese Neue an und bringt alles durcheinander! Am Ende steh ich dumm da und muss von vorne anfangen!" Manch lang gedientem Mitarbeiter mag es da nicht besser gehen, wenn der Nachwuchs anrollt: „Ich bin schon 15 Jahre hier, und jetzt will dieser junge Schnösel hier den ganzen Laden aufmischen!", meint er. „Wenn ich dem mein hart erarbeitetes Wissen anvertraue, sitzt der in einem halben Jahr genau deswegen und mitsamt diesem Wissen auf meinem Sessel!!"

Die Wahrheit über mangelnde Nachwuchspflege in einem Unternehmen lautet: Die Bremser sind immer diejenigen, die Angst haben, dass sie sich selbst weiterentwickeln müssten, um mit den neuen Kräften mithalten zu können. Sie halten das Horten von Wissen für eine angemessene Strategie, ihre Position im Unternehmen zu sichern. Teilten sie dagegen ihr Wissen, gerieten sie ja nur unter Druck, selbst neues Wissen heranschaffen zu müssen. Immer diese neuen Herausforderungen! Wo es sich doch auf den Lorbeeren so bequem ruhen ließ.

Versetzten sie sich dagegen in das Fell eines Wolfs, dann wüssten sie: Ohne erstklassig ausgebildeten Nachwuchs ist kein Überleben möglich. Auch hier wieder die Erinnerung an die Hunderudel in den Abruzzen: Sie zerfallen, weil die erfahrenen Hunde nicht in der Lage sind, ihr Wissen an den Nachwuchs weiterzugeben, und weil der Nachwuchs entsprechend nicht für sich selbst sorgen kann. Nur wenn sich alle gemeinsam weiterentwickeln, sind das Überleben und der langfristige Fortbestand gewährleistet, egal ob bei Wölfen oder Unternehmen.

Nachhilfelehrerinnen und der oberbayerische Landhandel

„Na gut, dann installieren wir eben eine Datenbank", sagen sich manche, wenn sie das Wort Wissensaustausch hören. „Dann sollen meine Mitarbeiter da ihre Infos holen." Ob dies wirklich langfristig funktionieren kann, ist fraglich. Auch E-Learning klappt nur dann gut, wenn Präsenzphasen mit E-Learning-Elementen kombiniert werden. Diese Methoden ersetzen aber nie das, was bei der Nachwuchspflege wirklich wichtig ist: Nähe und gegenseitige Unterstützung.

Lernen hat immer auch etwas mit Emotion zu tun. Ist es nicht so, dass wir Dinge für alle Ewigkeiten lernen, wenn starke Gefühle die erste Begegnung begleitet haben? Seien es die Gefühle für die Nachhilfelehrerin, die man als Schüler so unglaublich aufregend fand, sei es die Begeisterung, mit der der Mathelehrer auf diesen binomischen Formeln herumritt, und die einen dann doch angesteckt hat.

Wölfe haben keine Nachhilfelehrer, kennen weder binomische Formeln noch Computer – es gibt kein quasi frei schwebendes Wissen, das die kleinen Wölfe dann bei Bedarf abrufen. Das Wissen der Wölfe ist an jedes einzelne Tier gebunden. Das Wissen lebt in jedem Individuum und wird von diesem

weitergegeben. Einen anderen Weg gibt es nicht. Ein sehr ursprünglicher Weg ist das übrigens. Der auch in unseren Wurzeln und Genen verankert ist. Auch unsere Vorfahren gaben so ihr Wissen weiter, direkt, von Generation zu Generation. Nicht anonym.

Modernes Wissensmanagement in Form von Datenbanken und E-Learning unterstützt wunderbar und effektiv die individuellen Lernprozesse. Es ersetzt aber niemals den persönlichen Kontakt zwischen älteren und jüngeren Menschen, sei es nun in der Familie oder in einem Unternehmen. Nur durch den persönlichen Kontakt und durch Beobachtungslernen erfahren auch die jungen Wölfe, wie das denn nun funktioniert mit der Jagd. Wie das Territorium und das Wegenetz des Wolfsrudels aussehen. Wie sie Feinden ausweichen. Oder anderen Wolfsrudeln. Aber nicht nur sie lernen etwas. Auch die anderen Wölfe lernen. Auch der Alpharüde lernt. Und zwar die Fähigkeiten und das Potenzial der jungen Wölfe einzuschätzen und sie so einzusetzen, dass das Rudel den größtmöglichen Nutzen davon hat.

Für Menschen in Unternehmen gilt dementsprechend: Das Potenzial eines Mitarbeiters kann man nur erfassen, wenn man sich tatsächlich mit dem Nachwuchs beschäftigt. Ein Alphachef bietet seinem Nachwuchs Situationen, in denen er sich beweisen kann. Nur so kann man als Führungskraft dessen Potenzial auch tatsächlich beurteilen. Aber Vorsicht: Beobachten ist nicht gleich beobachten! Noch bevor man in die Beobachtung einsteigt, müssen die Anforderungen klar sein, die eine Stelle mit sich bringt. Man muss wissen, was im eigenen Unternehmen Menschen auf ihren Positionen erfolgreich macht. Erst dann kann man schauen: Finde ich beim Nachwuchs ähnliche Qualifikationen und Eigenschaften, die für diese Stelle geeignet sind?

Stellen Sie sich einmal eine Stelle im Vertrieb eines Unternehmens vor. Ist sie national ausgerichtet oder international? Ist Ersteres der Fall, kann die Tatsache, dass ein Mitarbeiter auf dieser Position Dialekt spricht, durchaus von Vorteil sein. Ein solcher Mitarbeiter, der vielleicht auch schon immer in der Region lebt und im Vereinsleben fest verwurzelt ist, wird sich auf dieser Position mit Sicherheit wohlfühlen. Spielt sich das Ganze dagegen auf internationalem Parkett ab, wird der Bodenständige auf einem solchen Posten unglücklich und überfordert sein. Da ist dann eher ein kommunikativer Mensch mit Fernweh gefragt, den auch wochenlange Dienstreisen nicht aus der Bahn werfen können. Wenn klar ist, welcher Typ Mensch, welcher Charakter auf dieser Stelle gebraucht wird, erst dann kann man schauen, wer unter den Nachwuchskräften dafür infrage kommt.

Auch am Kleidungsstil seines Nachwuchses kann man einiges erkennen: Menschen, die in der Bekleidungsabteilung des Landhandels in der oberbayerischen Provinz einkaufen, sind dann doch eher in die Schublade „bodenständig, bequem, konservativ und verlässlich“ zu stecken. Es gibt mit Sicherheit viele Landstriche, Branchen und Unternehmen, wo sie damit bestens ankommen. Schicken Sie so jemanden aber nach Mailand, wird er mit seinem biederen Outfit nicht weit kommen. Wer auch in seinem Kleidungsstil, mit Schuhen und Accessoires auf eine moderne Ausstrahlung achtet, dem dürfen Sie eher Flexibilität und innovatives Denken unterstellen. Dieser wird auch eher auf der Suche nach neuen Ideen und Herausforderungen sein.

Fahrende Müllhalden

Als Alphachef stehen Sie eben immer in der Pflicht, Einzelsituationen genau zu beobachten, zuzuordnen und dann zu entscheiden: Welche Stelle, welche Aufgabe ist für den Nachwuchs geeignet? Und das geht natürlich nur, wenn Sie mitten unter Ihren Leuten agieren, wenn Sie sich Zeit nehmen und sich mit ihnen beschäftigen. Viele Führungskräfte verbringen tatsächlich nur zehn Prozent ihrer Zeit mit derlei Aufgaben. Im Hinblick auf den Erfolg des Gesamtsystems kann das nur als fahrlässig bezeichnet werden.

Dass sich so viele Führungskräfte fast schon vor ihren Mitarbeitern zu fürchten scheinen, liegt vielleicht auch daran, dass sie ursprünglich aus einer Fachlaufbahn kamen und jetzt mit der Mitarbeiterführung latent überfordert sind. Dieser Typ Führungskraft kriegt es manchmal noch nicht einmal hin, seine Mitarbeiter ordentlich zu Besprechungen einzuladen – nämlich so, dass diese auch tatsächlich erscheinen. Und so wird ein Projekt nach dem anderen vor die Wand gefahren.

Aber genau da liegt auch einer der gravierenden Unterschiede zwischen Fach- und Führungskräften: Eine Führungskraft – und erst recht ein sensibler Alphachef – beobachtet Menschen und zieht seine Schlüsse daraus. Ein Alphachef ist wie der Alphawolf der große Socializer, er ist der beste Menschenkenner im Unternehmen mit dem meisten Wissen über seine Leute. Und das in möglichst vielen Bereichen, um sich ein möglichst rundes Bild machen zu können.

Sieht beispielsweise das Auto des Mitarbeiters innen aus wie eine rollende Müllhalde? Ist die Farbe seiner Schreibtischplatte noch ermittelbar? Oder muss man sich erst durch einen halben Meter Papier wühlen, um das herauszufinden? Welche

Essgewohnheiten hat dieser Mensch? Ist es ein Schlinger, ein Genießer mit einem Faible für kunstvoll aufgetürmte Desserts oder kommt er mit zweieinhalb Cornflakes und 100 Milliliter Buttermilch über den Tag? Haut er schon zum Mittagessen zwei große Bier weg oder trinkt er kategorisch niemals Alkohol? Aus alledem können Führungskräfte Schlüsse ziehen, wie sich ein Mitarbeiter unter bestimmten beruflichen Anforderungen verhalten wird. Klar, dass Sie dem Chaoten niemals ein Projekt anvertrauen, in dem höchste Sorgfalt entscheidend ist. Und der fröhliche Zecher ist sicher dort fehl am Platz, wo man nur mit einem Höchstmaß an Selbstdisziplin zum Erfolg kommt.

Was ein Alphachef noch macht: Ganz besondere Talente auch besonders fördern. Dem außergewöhnlich begabten Nachwuchs trägt er besondere Aufgaben an. Und er lässt ihm auch mehr Spielraum als den übrigen Neulingen. Wenn es sein muss, überlässt er ihm sogar das Büro als Fahrradparkplatz. Das tat der SAP-Mitgründer und heutige Aufsichtsratsvorsitzende Hasso Plattner. Der Mitarbeiter, der da unbedingt bei Regen sein Fahrrad im Büro abstellen wollte, war derjenige, der ihm immer wieder über den Flur entgegenbellte: „Hasso, vergiss das Internet nicht!“ Und das schon 1991, lange bevor das Internet salonfähig war. Hasso Plattner fand die Idee damals zwar noch merkwürdig und den Mitarbeiter noch viel merkwürdiger – „Ein Typ mit seltsamen Ideen“, schrieb er in seinem Buch „Dem Wandel voraus“ –, aber dass in diesem Menschen besonderes Potenzial steckte, war ihm schon klar. Und er beherzigte dessen Ratschlag! Zwar etwas spät, aber immerhin: 1999 machte er mit mySAP.com die Produkte von SAP endlich internettauglich.

Hasso Plattner hatte seine Alphalektion gelernt und erkannt, wie wichtig der Respekt vor dem besonderen Talent und der Andersartigkeit des radelnden – und auf den BMW oder Porsche, den alle anderen Kollegen vor der Tür stehen hatten, pfeifenden – Mitarbeiters war. Deswegen durfte der Mitarbeiter seine Unterschiedlichkeit leben. Denn unter dem Strich profitierten alle: der Mitarbeiter selbst, Hasso Plattner, SAP. Unterschiede bedeuten eine Bereicherung. „Diversity“, wie man heute gern sagt, bietet mehr als nur eine Chance unter vielen. Dahinter steht eine ganz neue Haltung, die der Alphachef positiv bewertet und fördert.

7
Zugehörigkeit
Warum heulende Wölfe stärker sind

Das Wolfsrudel liegt an seinem Lagerplatz am Waldrand. Die meisten Tiere dösen im Schatten, selbst die Welpen ruhen sich von ihren wilden Raufereien aus und schlafen, eng aneinandergeschmiegt. Es ist Nachmittag, die Sonne steht noch hoch am Himmel, auch wenn ihre Kraft langsam nachlässt. Rüde 3 steht langsam auf. Er gähnt. Streckt sich. Zieht die Hinterbeine lang, zuerst eins, dann das andere. Schüttelt sich noch einmal. Und verzieht sich ins Unterholz. Fähe 3 hat ihn die ganze Zeit mit einem Auge beobachtet. Sie steht jetzt ebenfalls auf, streckt sich ein bisschen, überlegt es sich dann aber anders und legt sich wieder hin. Die Alphafähe zieht letzte getrocknete Fleischfetzen von einem alten Karibu-Knochen. Der Betawolf blinzelt verschlafen in die Sonne.

Rüde 3 hat mittlerweile im Gebüsch einen großen Stein ausgemacht und sich daraufgestellt. Jetzt hebt er seinen Kopf an, legt die Ohren zurück, schließt die Augen und fängt leise an zu heulen – es sind melodische, lang gezogene U-Laute, die da in der Tiefe beginnen und sich langsam höher schrauben, bis sie nach einigen Sekunden verklingen.

Da kommt auf einmal Leben ins Rudel. Die Tiere stehen schnell auf, eins nach dem anderen. Sie vertreten sich die Beine, strecken sich ausgiebig. Dann laufen sie aufeinander zu, ihre Ruten wedeln. Auch die Welpen reagieren auf diese

Stimmung: Sie laufen übermütig zwischen den älteren Tieren herum, springen an ihnen hoch, kugeln durcheinander, winseln aufgeregt. Jetzt stehen alle Wölfe dicht beieinander und berühren sich. Jedes der Tiere hat Körperkontakt zu einem anderen. Da hebt auch der Betawolf seinen schwarzen Kopf und stimmt in das Heulen von Rüde 3 ein. Seine Stimme ist tiefer und seine Töne sind länger als die des jüngeren Wolfs. Nach und nach beginnen auch die anderen Wölfe mit ihrem Geheul. Selbst die Welpen üben. Zuerst quäken sie ein bisschen unentschlossen und laufen immer noch zwischen den älteren Tieren hin und her. Nach und nach bleiben sie aber stehen. Legen die kleinen Köpfe in den Nacken und schließen sich dem Chor an. Minutenlang hallt das Geheul der Wölfe durch den Wald.

Kontakt per Heulfunktion

Wölfe, die heulend über die Beute herfallen? Das ist ein Bild, das in die Rubrik „Märchen vom bösen Wolf" gehört. Es entspricht ganz und gar nicht der Realität. Wölfe heulen in Ruhesituationen. Vor dem Aufbruch zur Jagd oder als Auftakt zu Aktivitäten unterschiedlichster Art. Mit dem Heulen geben sie sich immer die Bestätigung: „Wir sind ein Rudel. Wir gehören zusammen. Wir leben zusammen. Wir jagen zusammen. Unsere Stimmung ist gut. Und jetzt ziehen wir los!"

Beginnt ein Wolf mit dem Heulen, ist dies ein fast zwingender Auslöser für die anderen Wölfe, ebenfalls einzustimmen. Dabei muss das gemeinsame Heulen nicht immer von einem Alphatier ausgehen. Auch rangniedere Wölfe initiieren es. Stimmt der Alphawolf an, fallen alle anderen sehr schnell ein, geht die Initiative von einem rangniederen Wolf aus, dauert es manchmal länger, bis die anderen mitziehen, und es heulen dann auch nicht immer alle Wölfe mit. Wölfe können sich nämlich gut an der Stimme erkennen.

Heulen signalisiert aber nicht nur Zusammenhalt. Wölfe halten per Heulfunktion auch den Kontakt zu anderen, von ihnen getrennten Rudelmitgliedern. So übermitteln sie Informationen nicht nur zum Standort, sondern auch über die Anzahl der Wölfe in der jeweiligen Gruppe.

Das Heulen vermittelt also sowohl Informationen nach innen, ins Rudel hinein, als auch nach außen. Es dient im zweiten Fall der Abgrenzung und signalisiert anderen Wolfsrudeln: „Vorsicht, hier leben wir! Das ist unser Gebiet!" Doch nicht nur das. Es kann auch einem allein umherstreifenden und Anschluss suchenden Wolf signalisieren: Da sind andere, da könnte ich versuchen, unterzukommen.

Allein wandernde Wölfe heulen, um zu verkünden: „Hallo, ich bin hier, ganz allein. Anybody out there?" Wenn er Glück hat, findet ein einsamer Wolf dann einen anderen, mit dem er sich treffen, zusammen wandern oder sich paaren kann. Das Heulen spielt also durchaus auch bei der Rudelbildung eine Rolle.

Wölfe heulen unregelmäßig. Mal morgens, mal abends. Und im Winter mehr als im Sommer, da die Wölfe in der kalten Jahreszeit generell einen höheren Bedarf an beruhigenden und den Zusammenhalt fördernden Ritualen haben. Aufgrund der einsetzenden Ranzzeit und der daraus zunehmend instabilen Rangordnung ist die Aggressivität innerhalb des Rudels im Winter größer. Aber immer gilt: Das Heulen ist etwas Besonderes. Es gehört zwar zum Wolfsleben dazu, ist aber nicht dessen alltäglicher Bestandteil.

Nicht nur Arbeit, sondern auch Vergnügen

Das Gefühl der Zugehörigkeit zu einem System entscheidet auch bei Menschen über Wohl und Wehe. Denn der Drang dazuzugehören ist stark. Von klein auf fühlen sich Menschen dort am wohlsten, wo sie spüren: Hier gehören wir dazu, sind wir Teil einer Familie, einer Gruppe, werden voll akzeptiert und sind sicher. Jetzt und für immer. Sind sie sich nicht sicher, ob sie dazugehören – und das ist ja eigentlich oft genug der Fall, da jeder Mensch erst einmal in seiner ganz eigenen Welt mit den entsprechenden Interpretationsspielräumen lebt –, wird durch diese Unsicherheit viel Energie gebunden. In Unternehmen kann das heißen: „Ich arbeite zwar hier, aber vielleicht werde ich ja den Erwartungen meiner Vorgesetzten überhaupt nicht gerecht. Vielleicht ist meine Kündigung schon längst beschlossene Sache und es ist nur noch die Frage, ob sie es mir heute noch oder doch erst morgen sagen."

In einem Unternehmen reicht es nicht, wenn alle Mitarbeiter wissen, was wann zu tun ist, um das Gesamtsystem zum Erfolg zu bringen. Die Menschen brauchen darüber hinaus das Gefühl der Zugehörigkeit. Wölfe drücken dieses Gefühl der Zugehörigkeit über das gemeinsame Heulen aus. Aber nicht immer. Sie lassen dem Heulen den Status des Besonderen. Würden sie laufend zusammen heulen, verfehlte es seine Wirkung und würde zu einem Alltagsphänomen degradiert. Auch Mitarbeiter eines Unternehmens können zusammen „heulen". Und ein Chef, der ein gewitzter Alpha ist, stößt das gemeinsame „Heulen" von Zeit zu Zeit an.

Ein guter Ort, um gemeinsam zu „heulen", ist beispielsweise die Kantine eines Unternehmens oder auch ein Restaurant außerhalb, wo sich die Mitglieder eines Teams regelmäßig mit ihrem Chef zu einem gemeinsamen Frühstück oder einem Mittagessen treffen. Danach zeigt sich oft, dass die Stimmung im Team steigt, dass die Mitarbeiter offener aufeinander zugehen, mehr Verständnis füreinander entwickeln. Gerade weil in solchem Rahmen auch mal Zeit für eine private Unterhaltung ist. Gemeinsame Rituale sind wichtig, denn sie binden, sorgen für Zusammenhalt und stärken das Gefühl der Zugehörigkeit.

Es muss nicht immer ein Essen sein. Auch andere Dinge sind möglich. Die Kunst des Alphas im Unternehmen besteht darin, eine Aktivität ausfindig zu machen, die möglichst vielen Spaß macht. Wenn man nun als Führungskraft beschließt, dass das gesamte Team an einem Tag zum Klettern geht oder abends nach Feierabend noch gemeinsam das Fußballländerspiel anschaut, dann ist in einem Team von 30 Leuten schon klar: Die eine Hälfte findet das klasse, die andere Hälfte nicht, zehn davon gehen aber trotzdem mit, weil sie keine Spielverderber sein wollen.

Deswegen achtet ein Alphachef darauf, dass er gemeinsame Aktivitäten nicht einfach im Alleingang beschließt und Unternehmungen anstößt, die sich vom Charakter her deutlich unterscheiden. Das fördert ganz nebenbei die Flexibilität der Teilnehmer und stellt auch gewisse Herausforderungen an die Integrationsfähigkeit eines Teams. Ist die Gruppe beispielsweise in der Lage, alle Mitglieder „mitzunehmen“ und keinen bloßzustellen, nur weil er beim Bowling keine Kugel ordentlich auf die Bahn kriegt?

Bei diesen Aktivitäten wird es immer wieder Teammitglieder geben, die sich nicht beteiligen, und zwar aus den unterschiedlichsten Gründen. Darum Vorsicht: Wenn es nicht mehr problemlos möglich ist, auch mal „Nein“ zu diesen Gruppenaktivitäten zu sagen, dann haben Sie schnell japanische Verhältnisse. In Japan endet der Arbeitstag nämlich nicht am

Werkstor, sondern in der Karaoke-Bar. Wer nicht mitgehen würde, grenzte sich bewusst aus der nahezu heiligen Arbeitsgemeinschaft aus und könnte seinen Job eigentlich gleich an den Nagel hängen.

Das ist eine heikle Sache. Andererseits: Wer die wirklich wichtigen Dinge erfahren will, muss mitgehen. Denn die werden manchmal gar nicht in Meetings während der Arbeitszeit besprochen. Sondern davor, dazwischen und vor allem danach. Das gilt genauso für Alphachefs: Wenn Sie wissen wollen, wie Ihre Mitarbeiter ticken, dann arrangieren Sie informelle Events. Da werden Sie Dinge erleben und Sachen erfahren, die Sie in reinen Businesszusammenhängen nie aus Ihren Mitarbeitern rausgekriegt hätten. Was die Menschen in Ihrem Team beschäftigt. Was Erfolg für sie bedeutet. Was sie brauchen, um erfolgreich für Sie zu arbeiten.

Wenn Sie aber als Alphachef feststellen, dass sich jemand konsequent aus dem gemeinsamen „Heulen" raushält, dürfen Sie durchaus mal nachfragen – unter vier Augen natürlich –, warum denn Kollege Meier schon wieder nicht beim gemeinsamen Essen dabei war, sich weder für die Übertragung des Fußballländerspiels noch die Stocherkahnpartie und auch nicht für den Hochseilgarten zu interessieren schien. Vielleicht hat er einfach nur keine Lust. Vielleicht aber auch Angst, weil er sich in zwanglosen Situationen absolut unwohl fühlt. Vielleicht hat er private Sorgen. Durch Ihr Nachfragen wird deutlich: Sie sind nah an Ihren Mitarbeitern. Und wollen eine Balance finden zwischen der Gemeinsamkeit im Team und der Individualität jedes einzelnen Teammitglieds.

Finden Sie also heraus, was die Teammitglieder miteinander verbindet. Fördern Sie Gemeinsamkeiten. Aber sorgen Sie auch dafür, dass Unterschiede akzeptiert werden. Wer Unter-

schiede eliminieren will, installiert Uniformität und Gruppenzwang. Das braucht kein Mensch. Gewerkschaftsmitglieder mal ausgenommen. Die müssen eben streiken, auch wenn sie die Ziele für sich persönlich ablehnen.

Heul doch!

Das gemeinsame „Heulen“ muss nicht immer unter Aufsicht des Chefs und in großer Runde stattfinden. Auch im Tagesgeschäft kann es immer wieder Rituale geben, die dazu beitragen, dass sich ein Gemeinschafts- und Zugehörigkeitsgefühl unter den Mitarbeitern entwickelt. Unternehmenssport zählt beispielsweise dazu. Der sorgt nicht nur für eine gute Work-Life-Balance, sondern steigert auch das kollegiale Miteinander. Viele Unternehmen nutzen diesen Effekt und bieten eine breite Palette an sportlichen Angeboten. Nicht alle gehen dabei so weit wie die Firma Beiersdorf, die ihren Mitarbeitern eine eigene Sporthalle und Tennisplätze zur Verfügung stellt – neben den 30 anderen Angeboten, die von Angeln über Bauchtanz bis hin zu Faustball reichen. In der Konzernzentrale der Adidas AG in Herzogenaurach können die Mitarbeiter die hausinternen Fitnessräume sogar während ihrer Mittagspausen nutzen.

Was dagegen „unter Aufsicht“ erfolgen sollte, sind die formalen „Heulereien“ in Form von Strategiemeetings, Teamfindungsworkshops und dergleichen. In einem großen Konzern der Automobilindustrie hatte ein Laborleiter ein Team von zwölf Labormitarbeitern neu übernommen. Gleich zu Beginn seiner Tätigkeit stellte er zu seinem Entsetzen fest, welch rüder Umgangston unter den Kollegen herrschte. Die Befehlsform schien die einzig bekannte Verbform zu sein, „Bitte“ und „Danke“ waren Fremdwörter. Die Tatsache, dass

es in diesem Team nur zwei oder drei Personen gab, die sich verantwortlich für reibungslose Abläufe fühlten, passte da ganz ins Bild. Der Rest der Belegschaft machte mehr schlecht als recht Dienst nach Vorschrift und widmete sich hingebungsvoll der Freizeitoptimierung.

Ständig gab es Ärger, weil das Team anscheinend nicht ohne den sprichwörtlichen Omegawolf auskam: Abwechselnd traf es die unterschiedlichsten Mitarbeiter, die als Blitzableiter für die gesamte Gruppe herhalten mussten. Kaum eine Woche, in der nicht jemand anders im Büro des Chefs auflief und sich beschwerte, dass die Kollegen ihn oder sie mobbten.

Der neue Laborleiter sah sich das eine Weile an. Dann dämmerte es ihm: Das Team hatte – bevor er ins Unternehmen kam – ein Dreivierteljahr keinen wirklichen Chef gehabt, sondern einer der Mitarbeiter hatte halboffiziell die Interimsführung übernommen. Klar, dass da alles Mögliche fehlte: Teamgeist, Zusammenhalt, Zugehörigkeit.

Der Laborleiter installierte nun unterschiedliche Rituale zur „Teampflege" – als Erstes einen regelmäßigen Mittagstisch für das gesamte Team. Heute gehen alle gemeinsam jeden zweiten Monat zum Mittagessen in ein kleines Restaurant außerhalb des Betriebsgeländes. An Firmenveranstaltungen, die sich an die Öffentlichkeit richten, wie Tagen der offenen Tür oder regionalen Messen, nimmt das gesamte Team teil und betreut gemeinsam einen Informationsstand des Labors. Regelmäßig finden „Lunchtime Seminars" statt – eine etwas erweiterte Mittagspause, einmal pro Monat, in der nicht nur gegessen, sondern auch etwas geteilt wird: Jedes Mal hält ein Mitarbeiter einen zehnminütigen Vortrag entweder über irgendein Thema aus seinem privaten Umfeld oder über ein fachliches Thema.

Den höchsten Stellenwert nimmt aber ein ganz besonderes Treffen ein: Einmal im Jahr geht das Laborteam in Klausur. Die Mitarbeiter ziehen sich für ein Wochenende in ein Hotel in einer netten Umgebung zurück. Gemeinsam besprechen sie dann nicht nur die Dinge, die in nächster Zeit anliegen, sondern lernen auch voneinander. Jeder berichtet von seiner täglichen Arbeit und erklärt den anderen, was er da so tut an seinem Arbeitsplatz. Alle gemeinsam beschäftigen sich aber auch mit fachlichen Themen, die für jeden relevant sind.

Der Laborleiter macht dann noch Workshops zu Themen wie Konfliktmanagement oder Kommunikationsverhalten. Und gerade die sind es, die in diesem Team immer wieder dafür sorgen, dass vielen ein Licht aufgeht und sich das Klima im Team tatsächlich bessert. Aber auch der Spaß kommt an diesen Wochenenden nicht zu kurz. Eine Wanderung oder die Besichtigung einer lokalen Sehenswürdigkeit stehen immer auf dem Programm.

Die anregende Umgebung, die Losgelöstheit vom Alltag wirken auf dieses Team immer Wunder. Die Kollegen gehen locker miteinander um, lernen sich in ganz neuen Zusammenhängen kennen und schätzen, finden etwas heraus über Macken und Kanten der Kollegen und entwickeln gleichzeitig andere Strategien im Umgang damit. Ideen zur effizienteren Bewältigung des Arbeitsalltags entstehen an diesen Wochenenden viel besser.

Die Zusammenarbeit des Teams hat sich seither sehr zum Positiven entwickelt. Der Laborleiter ist übrigens der Einzige in dieser nicht gerade kleinen Abteilung des Konzerns, der diese Alphalektion beherzigt. Kein anderer auf seiner Hierarchieebene geht mit seinen Mitarbeitern in Klausur. Den anderen Chefs ist das anscheinend die wertvolle Freizeit nicht wert.

Oder zu teuer. Dafür schlagen sie sich in ihrer hoch bezahlten Arbeitszeit mit unzufriedenen und ineffektiven Teams herum, deren Energie viel zu oft in die falschen Kanäle fließt.

Zusammenhalt via Excel-Arbeitsblatt

Für virtuelle Teams ist das gemeinsame „Heulen" fast noch wichtiger als für Teams, die ohnehin gemeinsam an einem Standort zugange sind. Wenn ein Team über Zeitzonen und Ländergrenzen hinweg zusammenarbeitet und sich oft monatelang nicht sieht, sind Misstrauen und Frust vorprogrammiert. Eine kleine Unternehmensberatung beispielsweise, die in vielerlei Hinsicht außergewöhnlich ist, besteht aus zehn festangestellten Beratern, ein paar Freelancern und einer Sekretärin. Ein Büro? Gibt es nicht. Wozu auch? Die Berater sind sowieso nie da, sondern immer auf irgendwelchen Projekten beim Kunden. Was die Firma im Innersten zusammenhält, ist im Prinzip ein einziges Excel-Arbeitsblatt. Das verschickt die Sekretärin aus ihrem Homeoffice täglich an alle. Darin steht, wer gerade wo im Einsatz ist und wer wo in den nächsten Wochen sein wird. Der Blick in dieses Dokument verschafft also allen die Sicherheit: Es gibt die Firma. Ich bin nicht allein und verloren. Ich gehöre dazu. Auch wenn ich gerade nicht alle kenne, die da noch so mitmachen.

Und genau da liegt das Problem dieser virtuellen Teams: Wenn man den Kollegen nicht kennt, mit dem man da zusammenarbeiten soll, kommt es sehr leicht zu Missverständnissen. Da fragt der eine den anderen: „Kannst du mir bis morgen diese Daten besorgen?" und bekommt als Antwort: „Ja, klar, kein Problem." Weil er aber nicht weiß, ob er sich auf diese Aussage verlassen und dem Kollegen vertrauen kann, liefert er genaue Arbeitsanweisungen mit, die dem Kollegen lediglich das Gefühl vermitteln: „Traut er mir das nicht zu, oder was? Bin ich ein Anfänger, oder wie?“ Und schon wird die Sache anstrengend.

Stolpersteine in Sachen Kommunikation lauern überall. Wie schnell passiert es, dass man den flapsigen Ton einer E-Mail missversteht oder die Zwischentöne eines Telefongesprächs in einer fremden Sprache einfach nicht mitbekommt. Wenn man dann nicht weiß, wie der Kollege dieses oder jenes meint, weil er eben einen ganz speziellen Humor hat, dann ist die wichtigste Basis einer derartigen Zusammenarbeit ruiniert: Vertrauen.

In der kleinen Unternehmensberatung haben die Mitarbeiter zusammen mit dem Firmengründer viele Wege gefunden, Vertrauen aufzubauen und zu erhalten und gemeinsam zu „heulen“. Wenn es geht, sind die Berater mindestens zu zweit in einem Projekt eingesetzt, immer in unterschiedlichen Besetzungen. So lernen sie sich nach und nach intensiv und persönlich kennen. Der Chef – der mit den Alphaqualitäten – besucht seine Mitarbeiter regelmäßig auf den Projekten, egal wo. Denn er will wissen, wie es ihnen geht. Und er will ihnen genau vermitteln, welchen Stellenwert ihr Einsatz sowohl für den Auftraggeber als auch für ihn und seine Firma hat. Nach jedem Projekt gibt es ein umfassendes Feedback von allen für alle. Offene Kommunikation. Denn die ist immer noch das beste Mittel gegen Misstrauen.

Alle paar Monate trifft sich das gesamte Netzwerk der Unternehmensberatung für ein Wochenende an wechselnden Orten zum gemeinsamen „Heulen“. Dann wird zusammen gegessen, erzählt, gelacht. Und es wird gemeinsam etwas unternommen. Das letzte Mal stand Gleitschirmfliegen auf dem Programm. Tandemflüge! Jeder Laie wird an einen

Profiflieger angeschnallt, bevor sie sich zusammen über eine Bergkuppe in die Tiefe stürzen. Auch so lernt man Vertrauen.

Kein Image unter dieser Nummer

BMW. Coca-Cola. Adidas. Apple. Das sind extrem starke Marken, mit denen ganze Welten assoziiert werden. Hinter denen ein Lebensgefühl steht. Die sowohl nach außen – auf die Konsumenten – als auch nach innen – auf die Mitarbeiter des jeweiligen Unternehmens – wirken. Wie das Heulen eines Wolfsrudels. Nach außen bietet es Orientierung, nach innen signalisiert es Zugehörigkeit und Identifikation.

Eine Marke – und mit ihr die Werte, die sie vertritt – zieht sich wie ein roter Faden durchs Unternehmen, durch Produktion und Einkauf ebenso wie die Personalabteilung. Sie spielt eine immense Rolle für das Wirgefühl der Mitarbeiter. Die Marke samt ihrer Wertigkeit bietet ihnen als Individuen den Schutz und die Geborgenheit einer großen Gruppe, einer Familie, eines Rudels. Sie ist das Erkennungszeichen, unter dem sich eine Truppe versammelt. Und zwar sehr real: Wo immer beispielsweise Mercedes-Mitarbeiter einen Mercedes-Stern auf dem Dach einer Niederlassung oder einer Werkstatt sehen, wissen sie: Da arbeiten Menschen, die zu uns gehören. Hier sind wir zu Hause. Weltweit.

Das Wirgefühl der Telekom-Mitarbeiter dürfte dagegen im Moment nicht sehr ausgeprägt sein. Oder anders herum gesagt: Glauben Sie, dass sich Telekom-Mitarbeiter gerne als Angehörige eines Unternehmens outen, das ein derart ramponiertes Markenimage hat? Glauben Sie, dass es denen Spaß macht, sich dem Spott des Gegenübers auszusetzen, und zeige er sich nur in einem Zucken der Mundwinkel?

Ein Markenimage lässt sich schnell zerstören, aber längst nicht so schnell wieder etablieren. Ohne langfristige Kontinuität lassen sich weder Unternehmenswerte noch eine Unternehmenskultur aufbauen und damit auch keine Marke, an der sich die Außenwelt orientieren kann und auf die die Mitarbeiter stolz sein können. Und Sie wissen ja: Ist der Ruf erst ruiniert … wird sich auch kein Telekom-Mitarbeiter mehr dafür krummlegen, dass die Kundschaft weniger als sechs Wochen auf einen neuen Telefonanschluss warten muss. Oder?

Werte schaffen Werte

Für einen Unternehmer, für eine Führungskraft reicht es nicht, wenn Sie eine Marke von irgendeiner Agentur kreieren lassen und dann auf Plakatwänden zur Schau stellen. Sie müssen die Marke selbst leben und verkörpern. Und Sie müssen sie samt den dahinterstehenden Werten auch in Ihrem Unternehmen etablieren – und zwar in den Köpfen derjenigen, die diese Marke mit Leben füllen: ihrer Mitarbeiter. Wenn diese nicht lernen, dass sich die Markenwerte auch in ihrer Arbeitshaltung widerspiegeln müssen, wird das nichts mit dem Markenauftritt. Und wenn Sie als Führungskraft es nicht schaffen, Ihren Mitarbeitern das Gefühl zu geben, dass deren Arbeit so wertvoll ist, wie es dieser starken Marke entspricht, wird das erst recht nichts. Was der Claim „Geiz ist geil" wohl jahrelang in den Köpfen der Saturn-Mitarbeiter angerichtet hat? Zum Glück besinnt sich Saturn ja gerade eines Besseren.

Markenbildung nach innen ist der ungleich härtere Teil der Übung. Ein traditionsreiches Institut aus dem Bildungssektor tüftelte dazu einen detaillierten Plan aus. Als Anlass diente ein Firmenjubiläum, das nicht nur gefeiert, sondern auch genutzt werden sollte: Das Institut hatte sich in einem sehr

umkämpften Markt erfolgreich behauptet und neu positioniert. Das sollte nun auch kommuniziert werden, nach außen wie nach innen.

Man erstellte ein neues Logo, entwickelte neue Präsentationsmaterialien und setzte eine PR-Maschine in Gang, um eine neue Außenwirkung zu erzielen. Um die neue Marke auch nach innen zu kommunizieren, wurden die Mitarbeiter intensiv einbezogen: In Gruppenveranstaltungen informierte die Unternehmensleitung die Mitarbeiter über die neuen, mit der Marke korrespondierenden Unternehmensleitsätze, die sie erarbeitet hatte. Schon in diesen Veranstaltungen – die zum Teil mit über 100 Teilnehmern besetzt waren – wurde in kleinen Gruppen über die neuen Leitsätze diskutiert und wurden die Ergebnisse in einer für alle sichtbaren Form dokumentiert.

Anschließend ging die Arbeit dann in den einzelnen Filialen und Abteilungen der Institution weiter: In Workshops widmete sich die Belegschaft der Frage: Was können wir tun, um den Leitsatz in die Tat umzusetzen? So wurden viele ganz konkrete Schritte identifiziert, die jeder einzelne Mitarbeiter tun konnte, um die Werte, die hinter der Marke steckten, in seiner täglichen Arbeit zu praktizieren. Die Ideenfindung erfolgte dezentral, ebenso die Umsetzung. Auch das gewährleistete eine starke Identifikation jedes Mitarbeiters mit den neuen Leitsätzen. Die Ergebnisse aus allen Filialen und Abteilungen wurden zentral dokumentiert und somit allen Mitarbeitern im Unternehmen zur Verfügung gestellt. An einem speziellen Mitarbeitertag ein halbes Jahr später wurden die besten Umsetzungsbeispiele besonders gewürdigt. Um die neuen Leitsätze nachhaltig zu verankern, findet seither einmal pro Jahr ein Workshop statt, und zwar pro Leitsatz einer. Dort sammeln die Mitarbeiter dann neue Ideen, wie sie die

Realität noch weiter an die Werte annähern können, die der Leitsatz verkörpert.

Wenn Ihnen als Alphachef ein echtes internes Markenmanagement gelingt, sind Sie einen großen Schritt weiter. Aus mehreren Gründen: Bürokratische und formale Kontrollen können Sie sich fortan schenken. Wenn sich Mitarbeiter an den Unternehmenswerten orientieren, die quasi im Unterbewusstsein des Unternehmens verankert sind, sind Loyalität und hoher persönlicher Einsatz selbstverständlich. Und wer loyal ist, schummelt nicht bei der Reisekostenabrechnung. Wenn Mitarbeiter mit denselben Werten arbeiten, die auch die Marke verkörpern, fühlen sie sich stark, zugehörig, wertvoll und erfolgreich. Und staffieren mit den Logo-T-Shirts des Arbeitgebers sogar ihre Kinder aus. Weil sie stolz sind, zu diesem „Rudel“ zu gehören.

So wie das Heulen des Wolfsrudels nach außen – an Angehörige fremder Rudel oder einzeln wandernde Wölfe – signalisiert: „Hallo, hier sind wir! Hier ist unser Gebiet! Und wir sind zu zehnt!“, entfaltet auch die Marke eines Unternehmens eine Wirkung auf Angehöriger anderer „Rudel“ (sprich Unternehmen) oder einzeln umherstreifende „Wölfe“ (sprich Berufsanfänger, Hochschulabsolventen, Arbeitnehmer auf Jobsuche).

Denn Marken bieten nicht nur Konsumenten Orientierung – die Einteilung der unzähligen Produkte in schön oder hässlich, gut oder böse, edel oder billig, jugendlich oder bieder und so weiter. Das beliebteste Ausbildungsunternehmen und der attraktivste Arbeitgeber in Deutschland ist übrigens BMW. Nicht nur in dieser Hinsicht, sondern auch im internationalen Ranking ist BMW die wertvollste deutsche Marke. Wobei das eine immer das andere bedingt: Hat ein Unternehmen qualifizierte Arbeitskräfte, ist es erfolgreich, und damit auch die Marke. Ist die Marke gut, agiert das Unternehmen offensichtlich erfolgreich und zieht gute Arbeitskräfte an. Werte schaffen Werte. Wenn demnächst einer zu Ihnen sagt: „Man muss mit den Wölfen heulen", dann wissen Sie, dass es stimmt. Und warum.

8

Werte

Warum Wölfe häufig streiten – und sich selten ernsthaft verletzen

Sie erinnern sich: Die zweite Fähe unseres Wolfsrudels hatte sich mit der Alphafähe angelegt und den Kürzeren gezogen. Daraufhin musste Fähe 2 das Rudel von einer Minute auf die andere verlassen. Der verlorene Kampf gegen die Alphafähe und die fehlende Unterstützung der übrigen Rudelmitglieder ließen ihr keine andere Wahl. Sie ließ das Rudel benommen und wie gelähmt von diesem Kampf hinter sich. Doch auch die Alphafähe hatte sich verletzt.

Nach ein paar Tagen ging es der Alphawölfin schon wieder besser. Die tiefe Bisswunde am linken Hinterbein heilte gut. Sie hatte sie immer wieder abgeleckt und dadurch sauber gehalten. Im Rudel herrschte dennoch Unruhe. Fähe 3 und Fähe 4 jagten und hetzten einander immer noch. Mit den harmlosen Spielchen und kleinen Kabbeleien von früher hatte das längst nichts mehr zu tun. Die hatten sie noch durch drohendes Mienenspiel oder kurzes Schnappen beenden können.

Nun wurden ihre Auseinandersetzungen aggressiver, sie gewannen an Schärfe und Häufigkeit. Mal behielt die eine die Oberhand, mal die andere. Sie knurrten sich an, bleckten die Zähne, bissen sich in die Hinterläufe. Nach einigen Tagen Streitereien begann Fähe 3, sich immer öfter unter einen großen Stein zu flüchten, in eine kleine Senke, die das Regenwasser dort ausgewaschen hatte: So konnte sie nicht von

hinten angegriffen werden. Langsam wurde deutlich, um was es hier ging: Fähe 2 hatte mit dem Verlassen des Rudels einen Platz in der Rangordnung frei gemacht. Und Fähe 3 und 4 versuchten jetzt beide, diesen Platz in der Hierarchie direkt neben der Alphafähe einzunehmen.

Wäre jetzt noch eine weitere Fähe im Rudel gewesen, hätte auch gut eine Art „Verschwisterung" stattfinden können. Wölfe kämpfen innerhalb des Rudels oft zwei gegen einen. Manche Wölfe gehen zu einem bestimmten Tier eine stärkere Bindung ein als zu anderen Mitgliedern des Rudels. Wenn jetzt dieses von ihnen favorisierte Tier Ambitionen hat, in der Rangordnung aufzusteigen, dann unterstützen sie es. Sie gehen sozusagen eine strategische Allianz mit ihm ein.

Die Positionen innerhalb der Hierarchie eines Rudels sind alle exklusiv. Sie werden nur einmal „vergeben". Wenn nun ein Wolf nicht selbst die höhere Position einnehmen kann – vielleicht weil er nicht die Fähigkeiten dazu hat oder ihm ein gewisses Aufsteigernaturell fehlt –, dann sichert er sich auf diese Art und Weise das Wohlwollen des Tieres, das dann die höhere Position tatsächlich erlangt. Und hat davon einen erkennbaren Nutzen, nämlich persönlichen Schutz in heiklen Situationen. Innerhalb des Rudels stellt sich also nach Veränderungen innerhalb der Hierarchie immer wieder schnell Stabilität ein.

Keine Frage, bei diesen Auseinandersetzungen verletzen sich die Wölfe. Aber selten ernsthaft. Sie beißen sich in die Hinterläufe, die leicht zu erreichen und ungeschützt sind. Es sind aber auch die Stellen seines Körpers, die ein Wolf bei sich auch am leichtesten erreichen und sauber halten kann. So werden gefährliche Infektionen verhindert. Und noch etwas: Selbst mit verletztem Hinterlauf kann ein Wolf auf die Jagd gehen. Die

Konflikte innerhalb eines Wolfsrudels finden also in einem fein austarierten Rahmen statt. Das Gesamtsystem erleidet dadurch keinen nennenswerten Schaden. Das Überleben des Rudels ist nicht gefährdet. So ist es jedenfalls in aller Regel.

Die Rangkämpfe zwischen Fähe 3 und Fähe 4 zogen sich noch ein paar Tage hin. Doch irgendwann sah man Fähe 4 über dem Rücken der am Boden geduckten Fähe 3 stehen, die ihr die Schnauze leckte. Sie hatte am eigenen Leib erfahren: Die andere war stärker. Nach und nach löste sich die Spannung im Rudel auf, auch die anderen Wölfe hörten auf, ihre Stellung im Rudel durch übertriebenes Dominanz- und Demutsverhalten deutlich zu machen. Die Stimmung besserte sich von Tag zu Tag. Fähe 3 akzeptierte ihren neuen Platz im Rudel und zeigte dies durch ihr unterwürfiges Verhalten, sobald Fähe 4 in ihre Nähe kam. Beide kümmerten sich bald wieder intensiv um die Aufzucht der Welpen und gingen Seite an Seite auf die Jagd – so, als wäre nichts geschehen.

Konflikte sind Teil der Lösung!

Hierarchien und Rangkämpfe sind etwas ganz Normales – nicht nur in Wolfsrudeln, sondern auch in Unternehmen. Die Wölfe zeigen uns, wie die unvermeidlichen kleinen Kämpfe aussehen müssen, damit sie das Gesamtsystem nicht lahmlegen: Sie müssen ausbalanciert sein. Sie müssen zeitlich begrenzt sein. Und die Kontrahenten dürfen nach dem Ende des Kampfes in keiner Weise nachtragend sein. Sonst wird es ungemütlich.

Rangkämpfe sind nicht nur normal. Sie sind auch nützlich. Dieser Gedanke mag für manche Führungskräfte ungewöhnlich sein. In den vergangenen Jahren hat sich in den Unternehmen ein gewisses Harmonieideal etabliert. Es ist ja auch ganz richtig, dass am Arbeitsplatz normalerweise Frieden herrschen soll. Doch übertriebene Harmonie auf der Basis verwischter Hierarchien bringt niemanden weiter.

In kleinen, neu gegründeten Unternehmen kann man das oft beobachten. Da traut sich noch keiner so recht, die Führung zu übernehmen. Vor allem, wenn Start-ups aus dem studentischen Milieu heraus gegründet werden, gibt es Probleme: Wer übernimmt wofür Verantwortung? Wer ist der Initiator für welche Dinge? Wer trifft die Entscheidungen? Weil alle Angst vor Konflikten haben, spricht keiner mehr unangenehme Dinge an. Gute Ideen werden bei der Andeutung des geringsten Widerstandes fallen gelassen. So wird schön der Konsens gesucht – und der ist leider oft gleichbedeutend mit dem kleinsten gemeinsamen Nenner.

Eines ist klar: So landet man keinen großen Wurf. So stärkt man höchstens die Beharrungskräfte in einem Unternehmen. Fortschritt kann man so kaum erwarten. Immer wieder zeigt sich das auch in der Politik. Runder Tisch = kleinster gemeinsamer Nenner = Stillstand. Als ob unsere Volksvertreter, Gewerkschafter und Verbandsfunktionäre nicht wüssten, wie es geht! Aber manchmal suchen sie eben den bequemen Weg und meiden den Konflikt, weil sie meinen, er könnte sie Wähler- oder Mitgliederstimmen kosten.

Deshalb sind Rangkämpfe und Konflikte in einem Unternehmen nützlich. Mitarbeiter, die sich entwickeln wollen, müssen einfach ihre Grenzen ausloten und ihre Kräfte messen! Sie müssen schauen, wie weit sie gehen können und wie weit sie kommen in diesem Unternehmen. Nur so werden aus blauäugigen Trainees irgendwann einmal Mitglieder der Geschäftsleitung. Nur so kann das gesamte Unternehmen am Ende profitieren.

Die Positionskonflikte stärken auch das Wolfsrudel. Junge Tiere sind leistungsfähiger als die älteren und darum erfolgreicher bei der Jagd. Nur wenn das Rudel Positionskämpfe zulässt, ist gewährleistet, dass die besten Kräfte den für sie geeignetsten Platz einnehmen, an dem sie dem Rudel am meisten nützen. Verhinderte das Rudel solche Positionskämpfe, würde das bedeuten, dass immer nur die Ranghöchsten die Geschicke des Rudels bestimmten und die „Nachwuchskräfte" ihre Talente nicht einbringen könnten. Dynamik, schnelle Anpassung, Kraft und Stärke würde man verhindern. Der Erfolg des Gesamtsystems wäre gefährdet. Ein Konflikt bringt deshalb immer den Wandel. Er ist Teil der Lösung, nicht Teil des Problems.

Die Schwierigkeit für den Alphachef besteht darin, zwischen positiven und negativen Konflikten innerhalb seiner Belegschaft zu unterscheiden: Ist das hier ein positiver Konflikt, der am Ende nur Gutes hervorbringt – die Entdeckung eines neuen Talents, die Erfindung eines neuen Produkts, einer neuen Strategie, die Stärkung des gesamten Bereichs? Oder ist das hier ein Konflikt der sinnlosen Sorte, der alle Energien in inhaltsleere Grabenkämpfe lenkt, die Mitarbeiter auslaugt und letzten Endes Schaden über die gesamte Organisation bringt, weil er sich auch nach außen bemerkbar macht? Dann ist es seine Aufgabe, als Alpha in den Konflikt einzugreifen. Aber nur dann.

Will er in einem solchen Fall Schaden vom Gesamtsystem Unternehmen abwenden, muss er die Auswirkungen vorhersehen können, die der Konflikt für die Mitarbeiter hat. Sein Panoramablick schließt immer die Zukunft mit ein. Auch die Wölfe tun das. Denken Sie an die konflikthafte Situation innerhalb des Wolfsrudels zurück: Die beiden Wölfinnen trugen ihre für das System am Ende nützliche und sinnvolle

Auseinandersetzung mit Blick auf die Zukunft aus – ohne sich ernsthaft zu verletzen und ohne den Erfolg des Gesamtsystems in Gefahr zu bringen. Hätten sie sich schwer verletzt, hätte eine oder hätten gar beide Fähen bei der Jagd gefehlt. Das Rudel hätte sein Gesamtziel – erfolgreich jagen, die Population erhalten, langfristig überleben – nicht oder nur unter ungünstigen Bedingungen erreichen können.

Ein Alphachef fragt sich also: Bringt das Verhalten das Unternehmen weiter, weil es vielleicht auf einer ungewöhnlichen Idee basiert? Hat die Idee, deretwegen gerade ein Konflikt ausgetragen wird, eine Chance auf Verwirklichung? Sind die zugrunde liegenden Dinge und Fakten fundiert? Oder geht es bei dem Konflikt nur um persönliche Befindlichkeiten?

Besteht der Konflikt auf der Sachebene, dann können die härtesten Kämpfe relativ schadlos ausgetragen werden, ohne dass Eingreifen nötig ist. Was lähmt, sind Konflikte, die sich auf der persönlichen Ebene abspielen.

Verschwundene Schlingpflanzen

Sie haben gelesen, was in einem Wolfsrudel passiert, wenn einer geht und die anderen sich um den frei gewordenen Platz in der Rangordnung streiten. In einem Unternehmen läuft das dann doch noch ein bisschen anders ab. Ein Abteilungsleiter bei einem größeren Mittelständler der Metall verarbeitenden Industrie gehörte zum mittleren Management, hatte also eine klassische Sandwich-Position inne. Sein Stand in der Firma war solide, seine Mitarbeiter vertrauten ihm ebenso wie seine Vorgesetzten. Eines Montagmorgens blieb sein Büro leer. Wer auf seinen Schreibtisch blickte, sah – nichts. Gähnende Leere. Seine heiß geliebte Schlingpflanze, die sich an einer Säule bis zur Decke hochgerankt hatte – weg. Staubige Ränder

an den Stellen, wo die Bilder an der Wand gehangen hatten. Keiner wusste, was passiert war und was das bedeuten sollte. Die Mitarbeiter waren schockiert. Die Arbeit kam fast völlig zum Erliegen, da alle innerlich wie gelähmt waren und in kleinen Grüppchen zusammenstanden, um über die Gründe zu spekulieren, die den Abteilungsleiter wohl bewogen haben mochten, seinen Arbeitsplatz aufzugeben.

Der Vorgesetzte des Abteilungsleiters hatte einen riesigen Fehler gemacht. Er hatte die Kündigung des Abteilungsleiters nicht bekannt gegeben. Er sagte auch lange nichts dazu, was als Nächstes geschehen sollte. Wann die Position besetzt werden würde. Ob jemand Externes kommen würde oder ob die Position aus den eigenen Reihen besetzt werden sollte.

Als der Chef dann schließlich wortkarg mitteilte, dass der Abteilungsleiter in einem anderen Unternehmen bessere Entwicklungsperspektiven vorgefunden habe und deswegen gegangen sei, glaubte ihm keiner. Denn dann hätte der Abteilungsleiter sich wohl ordnungsgemäß verabschiedet und nicht einfach über Nacht seinen Arbeitsplatz geräumt, oder? Aber irgendwie merkten die Mitarbeiter auch, dass der Bereichsleiter selbst wie benebelt war. Er war sicherlich genauso enttäuscht über den Weggang des Abteilungsleiters. Schließlich hatte er ihn über Jahre hinweg unterstützt und gefördert, wo er nur konnte. Dass er jetzt nicht gleich überlegen konnte, wie man sich in einer solchen Situation souverän verhält, konnten einige auch verstehen.

In den nächsten Tagen sorgten Gerüchteküche und Flurfunk für viel Unruhe im Unternehmen. Alle fragten sich, wer wohl der neue Abteilungsleiter sein würde. Und wie er sein würde. Viele machten sich Gedanken um ihre eigene Position in der Abteilungshierarchie. Auch hier ließ es die Führungskraft an

Alphaqualitäten fehlen: Wenn er die gehabt hätte, dann hätte er als Erstes ein Anforderungsprofil für die nun frei gewordene Stelle kommuniziert, die weitere Vorgehensweise erklärt und durch diese Versachlichung dafür gesorgt, dass die Mitarbeiter keine Energie mehr in die Ausarbeitung irgendwelcher Horrorszenarien stecken müssten, sondern sich wieder auf ihre Arbeit konzentrieren könnten.

Stattdessen traten jetzt alle in Stufe 2 des Hierarchiekampfes ein: In den Teammeetings ging es auf einmal nicht mehr darum, Fragen des Arbeitsalltags konstruktiv zu klären. Sondern um Selbstdarstellung und um Profilierung. Es ging auf einmal auch darum, sich beim Vorgesetzten einzuschmeicheln. Zum vollen Programm gehörte dann auch, den Kollegen ein Bein zu stellen. Da quittierte der eine den Vorschlag eines Kollegen mit einem höhnischen: „Das ist doch völliger Quatsch. Das hat doch vor 20 Jahren schon nicht funktioniert!" Da wurden Informationen nicht mehr weitergegeben, Besprechungstermine nicht veröffentlicht, die Adressen neuer Lieferanten zurückgehalten, damit der Kollege so richtig auf dem Schlauch stehen würde, wenn es darum ging, die Arbeitsergebnisse der letzten Woche beim Chef zu präsentieren. Bürotüren wurden demonstrativ geschlossen („Herr Maier muss leider draußen bleiben!") und in der Kantine standen ganze Gruppen auf und verließen den Tisch, wenn ein bestimmter Kollege sich zu ihnen setzen wollte.

Es kam, wie es kommen musste: Die internen Rangkämpfe schlugen sich auf die Arbeitsergebnisse nieder. So langsam bekamen die Kunden des Unternehmens Wind davon, dass da irgendwas ganz gehörig aus dem Ruder lief. Und Unternehmen, die sich in internen Streitereien ergehen, statt sich angemessen um das Geschäft zu kümmern, machen auf ihre Kunden und Partner nun mal einen extrem schlechten Endruck.

Wegen Konfliktfall in der Familie geschlossen!

Vor einiger Zeit war ich mit meiner Frau übers Wochenende zu Gast in einem schönen kleinen Hotel, liebevoll gestaltet und eingerichtet, sehr exklusiv, eingebettet in eine wunderbare Landschaft, das Essen hervorragend, der Service vorbildlich. Aber was soll ich Ihnen sagen? Ich werde nie wieder dort hinfahren. Die beiden Chefinnen des Hotels lagen in einem permanenten Clinch, stritten sich dauernd in Anwesenheit der Gäste und versuchten sogar noch, die Gäste zur Parteinahme zu bewegen. Uns war das richtig peinlich. Die Atmosphäre war vergiftet, über dem ganzen Anwesen lag eine Ahnung des drohenden Unheils und ich wusste: Es war nur eine Frage der Zeit, bis dieser Betrieb nicht mehr in der Lage sein würde, seine Gäste auf dem bisher hohen Niveau zu bedienen.

Ein anderes Beispiel sind die Auseinandersetzungen, die sich im Frühsommer 2007 zwischen der Deutschen Telekom und der Gewerkschaft Verdi abspielten. Unweigerlich musste man sich hier die Frage stellen, ob dieses Unternehmen seine Kunden noch angemessen betreuen kann? Oder gilt deren ganze Aufmerksamkeit, die ganze Energie den internen Streitereien? Und wenn man an der Hotline hört: „Sie haben vor sechs Wochen einen neuen Anschluss angemeldet? Ich kann Sie im System nirgends finden! Da ist vermutlich wieder die Technikabteilung dran schuld, die kriegen das nie geregelt!“, dann vermutet man recht schnell, dass man als Kunde der Dumme ist, auf dessen Rücken hier der firmeninterne Dauerstreit ausgetragen wird.

Wenn Streitereien nach außen dringen, ist das ungefähr so geschäftsfördernd wie ein Schild mit der Aufschrift „Wegen Überlastung geschlossen!“ Denn anders als ein Wolfsrudel genügt ein Unternehmen sich nicht selbst, sondern muss

Stakeholder und Kunden zufriedenstellen, wenn es Erfolg haben will. Trägt es interne Streitereien aus, kreist es nur um sich selbst, ist nicht in der Balance und kann auf Dauer nicht überleben. Auch ein Wolfsrudel, dessen Mitglieder permanent in ernsthafte Auseinandersetzungen und Rangkämpfe verstrickt sind, die in Verletzungen münden, schädigt sich dadurch und kann nicht überleben.

Es gibt eigentlich nur eine Voraussetzung, unter der Konflikte – seien sie nun nötig, nützlich oder nichtig – ein Unternehmen nicht bis ins Mark erschüttern: Wenn es ein übergeordnetes Ziel gibt, einen gemeinsamen Spirit, der wichtiger ist und einen höheren Stellenwert hat als kleinliche Auseinandersetzungen in der Belegschaft. Dann können weder Positionskämpfe noch über Nacht verschwundene Abteilungsleiter ein Unternehmen ernsthaft in Bedrängnis bringen oder gar den Betrieb lahmlegen.

Stellen Sie sich vor, Sie wandern mit einer Gruppe von zehn Leuten. Wenn jedes Mitglied der Gruppe eine Wanderkarte hat und weiß, wo es langgeht, kann ruhig einer von ihnen unterwegs in einem Wirtshaus versacken oder sich an einer Weggabelung klammheimlich verdrücken – die anderen wissen auch ohne ihn, wohin die Reise geht. Sie werden ihren Weg finden und fortsetzen. Wenn aber nur einer weiß, wo das Ziel ist, das alle ansteuern sollen, und dieser eine fällt dann aus, dann hat die ganze Gruppe ein Problem.

Mit einer Wanderkarte hat man auch immer einen wunderbaren Überblick über den gesamten Weg. Fragmentierte Informationen verursachen dagegen typischerweise Misstrauen und Unsicherheit. Und noch etwas: Wenn alle eine Wanderkarte haben, lässt es sich auch ganz sachlich und fundiert diskutieren. Spekulationen nach dem Muster „Oh,

da zieht ein Gewitter auf, wir gehen jetzt besser eine Abkürzung, vielleicht da drüben, den Weg nach links, ich glaube, da bin ich schon vor zwölf Jahren mal langgelaufen, das müsste funktionieren!" wird so der Boden entzogen. Weil der Blick auf die Karte beweist: alles Humbug. In Wahrheit geht es nämlich nach rechts.

Wenn Ziele klar sind, wenn gemeinsame Werte feststehen, denen sich alle Mitarbeiter eines Unternehmens verpflichtet fühlen, wenn klar ist, worauf alle stolz sein können, dann hält das Gesamtsystem Unternehmen Konflikte zwischen Teilen der Belegschaft gut aus. Dann stimmt die Basis, dann orientieren sich alle an einer „Roadmap". Sind die Ziele dagegen nicht klar und eindeutig, sind die Vorgaben nebulös und ist das Management nur darauf ausgerichtet, Schadensbegrenzung zu betreiben, um nicht noch mehr Kunden zu verlieren, dann sieht es schlecht aus.

Als Mitarbeiter muss man für sich herausfinden, ob die Werte, die in einem Unternehmen bestehen, nach denen gelebt und gearbeitet wird, zu den eigenen Werten passen. Oder vielmehr: Ob diese Werte so sind, dass ihnen die eigenen egoistischen Ziele – „Ich will möglichst wenig arbeiten für möglichst viel Geld und den hubraumstärksten Geschäftswagen hätte ich auch gerne und natürlich eine Assistentin ganz für mich allein!" – untergeordnet werden können. Wenn Mitarbeiter das große Ganze als für sich sinnvoll erleben und die Ziele und Werte des Unternehmens mit ihren persönlichen Vorstellungen von Erfolg in Einklang bringen und mittragen können – dann gibt es so etwas wie einen gemeinsamen „Spirit". Dann identifizieren sich Mitarbeiter mit dem großen Ganzen und stellen ihre eigenen Interessen – und auch die mitunter geschäftsschädigenden Auseinandersetzungen – in die zweite Reihe.

Telekom-Chef René Obermann hat das, was einen gemeinsamen Spirit ausmachen kann, bei seinem Amtsantritt verschenkt. Hier können Sie sehen, wie man es nicht machen sollte. In einem offenen Brief an die Konzernleitung kreidete ein Berliner Telekom-Techniker ihm genau das an. Er schrieb:

> Letzter Auslöser [für diesen Brief] war Ihre wiederholte Forderung, bei uns Mitarbeitern eine größere Bindung zum Unternehmen zu erzeugen. Dazu kann ich Ihnen nur erwidern, dass ich und die meisten meiner Kollegen im kleinen Finger mehr Unternehmensbindung haben als Ihre ganze Führungsriege zusammen. Ich werde Ihnen auch sagen, warum. Diese Telekom ist und war immer mein Leben. Ich habe mein Berufsleben hier begonnen und wollte es auch hier beenden. Ich habe gesehen, wie aus der Post die Telekom und aus Teilnehmern Kunden wurden, aber leider auch, wie aus unserer Firma, in der jeder für jeden da war, ein Unternehmen geschaffen wurde, in dem jeder nur noch an sich denkt (denken muss); wo jeder Unternehmensteil nur noch versucht, den eigenen Bereich sauber zu halten und aus den anderen Teilen so viel wie möglich abzuschöpfen, auch wenn dort viel größere Lücken gerissen werden, als jemals wieder zu stopfen wären. Ich habe erlebt, wie aus uns Mitarbeitern Humankapital wurde und wie wir alle nur noch als Kostenfaktoren angesehen werden, von denen man sich – so schnell es nur geht – trennen muss und will. Sie und Ihre Vorgänger jedoch geben sich im Vorstand die Klinke in die Hand; Sie kommen und gehen. Von Unternehmensbindung kann hier wohl kaum die Rede sein.

Lassen Sie es nie so weit kommen, dass Ihre Mitarbeiter eine derartige Wut im Bauch haben. Wer Mitarbeiter hat, die eine solche Begeisterung für ein Unternehmen mitbringen, sollte heilfroh sein. Nutzen Sie das, indem Sie kommunizieren, dass alle derselben Roadmap folgen, dieselben Ziele haben und an einem Strang ziehen!

Emotionale Abstandshaltersysteme

Zum Glück gibt es genug Unternehmen, in denen eine wirklich tragfähige Streitkultur gepflegt wird. SAP ist da ein Beispiel. Bis 2006 gab es in dem 1972 gegründeten Unternehmen – weltweit drittgrößter Softwarehersteller mit über 40.000 Mitarbeitern und Weltmarktführer bei betriebswirtschaftlicher Standardsoftware – keinen Betriebsrat. Noch im März 2006 hatten über 90 Prozent der Mitarbeiter befunden: Nein, einen Betriebsrat wollen und brauchen wir nicht. Belegschaft und Unternehmensführung kamen offenbar auch ohne konfliktlösende Instanz bestens klar.

Drei Mitarbeiter sahen das wohl anders und wollten mit Unterstützung der IG Metall beim Arbeitsgericht Mannheim die Schaffung des Betriebsrats oder genauer die Einsetzung eines Wahlvorstandes durchsetzen. Bevor es jedoch dazu kommen konnte, erklärten die Arbeitnehmervertreter im Aufsichtsrat, dass sie die Wahl eines Betriebsrats selbst organisieren wollen. „Wenn es einen Betriebsrat bei SAP geben muss, dann einen Betriebsrat aus unserer Mitte, der sich unserer besonderen Firmenkultur und unseren Werten verpflichtet fühlt", sagte Vorstandssprecher Henning Kagermann damals. Es sei für das Unternehmen wichtig, dass kein fremdbestimmter Wahlvorstand per Gerichtsbeschluss eingesetzt werde, sondern dass die Mitarbeiter selbst über die Zusammensetzung des Wahlvorstands und des Betriebsrats befinden. Das zeigt: Bei SAP stimmen die Werte. Das Unternehmen transportiert nicht nur ein Image nach außen, sondern lebt es auch nach innen. Und ist darum konfliktfähig.

Auch beim Autobauer Porsche stimmt das gemeinsame Ziel, die gemeinsamen Werte – erkennbar am Stolz auf das Produkt. Da sind nicht nur die Mitarbeiter stolz auf das, was sie herstellen, sondern auch die Führungskräfte: Vorstandsvorsitzender Wendelin Wiedeking fährt ebenso einen Porsche wie der Betriebsratsvorsitzende Uwe Hück. Zugegeben: Ein Auto ist ein Produkt, das sehr stark emotional besetzt ist. Zumal ein Porsche. Da fällt es nicht schwer, große leuchtende Augen zu kriegen und stolz darauf zu sein, für diese Firma arbeiten zu dürfen. Was aber, wenn man ein Unternehmen führt, das nicht unbedingt so attraktive Dinge herstellt wie Porsche? Wie schafft man es dann als Alphachef, die Werte abzubilden, nach denen das Unternehmen agiert? Identifikation möglich zu machen?

Wie das auch ohne Sportwagen auf der Preisliste geht, zeigt die Firma Illbruck GmbH, ein 1952 gegründetes Unternehmen für Kunststofftechnik, das sich auf Bauabdichtungen spezialisiert hat. Firmengründer Wilhelm Gustav Illbruck war ein mehr als begeisterter Hochseesegler: In den 80er- und 90er-Jahren dominierte er zusammen mit Otto Schümann den deutschen Segelsport. Er gewann den Admiral's Cup, den Sardinia Cup und den One-Ton-Cup. Sein Sohn und Nachfolger Michael Illbruck setzt diese Familientradition fort: 2001/2002 gewann er als erster deutscher Teilnehmer das Volvo Ocean Race, die härteste Round-the-World-Regatta, wie manche sagen. Seine Jacht heißt „Illbruck".

Da leistet sich eine junge Führungskraft also den Luxus, eine eigene Jacht nicht nur in ein sehr lang dauerndes Rennen zu schicken, sondern sie auch noch selbst zu steuern. Und seine Mitarbeiter? Die sind begeistert von diesem Boot, das gewissermaßen stellvertretend für ihre Abstandshaltersysteme, Bodenbeschichtungen und Fenster-Flexfolien auf der Welt Furore macht und starke Emotionen auslöst.

Wassergraben, ja oder nein?

Doch noch einmal zurück zu dem Abteilungsleiter, der samt Schlingpflanze über Nacht seinen Arbeitsplatz, sein Büro und seine Mitarbeiter verließ. Wenige Wochen später war klar, wer sein Nachfolger sein würde. „Leider“ niemand von außen – gegen den hätte man ja in schönster Eintracht zu Felde ziehen können –, sondern eine kompetente Nachwuchskraft aus der Abteilung. Unbemerkt von einem Großteil der Kollegen hatte er sich um den Posten beworben, sich die Unterstützung einer meinungsbildenden Führungskraft zugesichert und residierte nun stolz in dem ihm zugewiesenen Büro seines Vorgängers.

Im Gegensatz zum Wolfsrudel arrangierte sich hier aber niemand mit der neuen Rangfolge! Im Gegenteil: Erneut brachen die Konflikte los. Langjährige Mitglieder des Teams fühlten sich bei der Besetzung des Postens übergangen. Andere trauerten noch dem alten Abteilungsleiter hinterher und konnten sich nicht damit abfinden, dass nun ausgerechnet dieser Jungspund sein Nachfolger geworden war, den er als Einzigen im Team immer abgelehnt hatte. Sie investierten nun einige Energie in das Bemühen, dem neuen Abteilungsleiter fachliche Inkompetenz, fehlende Führungsqualitäten und überhaupt alles nachzuweisen, was ihm nur irgendwie schaden konnte.

Niemals würde ein Wolf das tun! Würde er einen anderen Wolf in irgendeiner Art und Weise „arbeitsunfähig“ machen, könnte er sich genauso gut auch gleich selbst ins Aus setzen. Denn das gesamte System litte darunter und am Ende auch er selbst. Das ist eigentlich gar nicht so kompliziert, oder? Aber diese Erkenntnis in den Köpfen so mancher Menschen zu versenken, ist ein mühseliges Unterfangen.

Sie als Alphachef können hier einiges tun: Analysieren Sie nicht nur die Konflikte, die sich zwischen Ihren Mitarbeitern abspielen. Sondern auch die, in die Sie selbst verwickelt sind. Wenn Sie beispielsweise anstelle des neuen Abteilungsleiters wären: Was können Sie tun, um die Wogen hier schnell wieder zu glätten und eine konstruktive Atmosphäre wiederherzustellen?

Versuchen Sie herauszufinden, warum Mitarbeiter die Konflikte inszenieren. Haben sie Angst? Vielleicht weil sie nicht wissen, wohin die Reise geht, weil ihnen die Wanderkarte abhandengekommen ist? Geht es um Macht? Fühlen sie sich ohnmächtig und handlungsunfähig? Weil Sie Alphaqualitäten haben, gehen Sie dabei vorsichtig und sensibel zu Werke. Halten Sie den Ball erst einmal flach. Beobachten Sie. Und entscheiden dann situativ, wie Sie vorgehen. Manche Mitarbeiter brauchen vorsichtige und beinahe liebevolle Behandlung, damit sie verstehen, dass sie von Ihnen nichts Negatives zu erwarten haben. Andere brauchen eine etwas härtere Vorgehensweise, müssen auch mal „in die Flanke gebissen“ werden, damit sie – wie übermütige Jungwölfe – begreifen, wer der Chef ist, warum er der Chef ist und warum es gut ist, dass er der Chef ist. Unter dem Strich brauchen Sie wie immer Wachsamkeit, Sensibilität und kritisches Bewusstsein. Geben Sie eine einheitliche Marschrichtung vor. Je klarer das übergeordnete Ziel, desto stärker die Identifikation und desto konfliktfähiger ist das Gesamtsystem. Und umso unbedeutender werden die kleinen Rangeleien des Alltags.

9
Erfolg
Warum Wölfe sich immer nur auf ein einziges Beutetier konzentrieren

Der Himmel ist grau, die Luft riecht nach Schnee. Im Dämmerlicht dieses kalten Morgens im Spätherbst werden langsam die Konturen des Lagerplatzes des Wolfsrudels sichtbar. Die Wölfe liegen in kleinen Gruppen beieinander und schlafen noch. Kurze Zeit später kommt Bewegung ins Rudel. Die Tiere erwachen, eins nach dem anderen, stehen auf, strecken sich, begrüßen einander, wie jeden Morgen.

Nicht lange danach: Der Alphawolf läuft in Richtung Wald. Er bleibt immer wieder stehen und schaut sich nach seinen Gefährten um. Nach und nach sammeln sie sich um ihn. Selbst die Welpen – die mittlerweile eigentlich gar keine Welpen mehr sind, sondern respektable, vor Tatendrang strotzende Jungwölfe – schließen sich dem Rudel an. Es bricht zu einem Jagdausflug auf. Die letzte erfolgreiche Jagd liegt bereits ein paar Tage zurück. Die Wölfe sind hungrig.

Gemeinsam streifen die Tiere durch ihr Territorium. Manche Wölfe laufen zu zweit oder in kleineren Gruppen dicht nebeneinander, andere lassen Abstand zwischen sich und dem Rest des Rudels. Der Alphawolf läuft immer wieder vorneweg, er lässt aber zwischendurch auch die Jungwölfe die Führung übernehmen. Immer wieder hält das Rudel inne und versucht, Witterung von möglichen Beutetieren aufzunehmen. Bislang erfolglos. Gegen Mittag kommen sie in höher liegendes

Gelände. Hier hat es schon geschneit. Jetzt gehen die Wölfe einer hinter dem anderen in den Spuren des Vorgängers. Der schwarze Betawolf bahnt den Weg durch den Schnee für die anderen, wird aber immer wieder auch von Fähe 4 abgelöst. Sie ist hochbeinig und hat viel Kraft.

Nachdem sie schon mehrere Stunden unterwegs sind, machen die Wölfe am Rand eines Hochtals eine Pause. Sie rollen sich im Schutz von ein paar Felsbrocken im Schnee zusammen und dösen. Die Jungwölfe sind noch immer übermütig, erkunden die nähere Umgebung und spielen dann eines ihrer übermütigen Rennspiele. Am frühen Nachmittag setzt das Rudel seine Wanderung durch das weitläufige Territorium fort.

Der Wahnsinn in der Flasche

„Wer sich rührt, führt." Der erste Schritt in Richtung Erfolg ist genau das: Bewegung. Ein schlauer Mann hat die Menschheit einmal so eingeteilt: Es gibt unbewegliche Menschen. Es gibt bewegliche Menschen. Und es gibt Menschen, die sich bewegen. Die Botschaft: Warten Sie nicht, bis einer Ihnen sagt: „Beweg dich!" – Sondern bewegen Sie sich aus eigenem Antrieb. Und in einem Unternehmen muss diese Haltung erst recht installiert werden. Denn ohne Mitarbeiter, die aus eigenem Antrieb heraus agieren, Ideen entwickeln, Veränderungen anstoßen, wird es auf Dauer keinen Erfolg geben. Wölfe warten ja auch nicht an ihrem Lagerplatz, bis ein Karibu vorbeikommt, über das sie herfallen können. Sondern sie machen sich auf den Weg. Sogar ohne eine konkrete Vorstellung davon zu haben, wie ihre Beute aussehen wird. Ihr übergeordnetes Ziel kennen sie allerdings: Ihr Hunger muss gestillt werden. Sonst sterben sie.

In Unternehmen ist das ähnlich: Alle Mitarbeiter brauchen eine Vorstellung, wo die Reise hingeht, womit sie auf Dauer Gewinne erwirtschaften wollen. Alles andere leitet sich daraus ab. Unter Umständen müssen sich Unternehmen auf einen sehr langen Weg machen, um die großen Ziele zu erreichen. Vor allem dann, wenn sie neue Märkte, neue Produkte, neue Erfolge wollen. Dieter Leiphold aus Ostheim in der Rhön kann Ihnen lange Geschichten darüber erzählen. Bereits in den 80er-Jahren hatte der Braumeister einen Traum: Fanta ohne Chemie. Ein Erfrischungsgetränk ohne Alkohol, ohne Industriezucker, ohne künstliche Aromen. Denn der Bierkonsum in der deutschen Bevölkerung ging zurück. Und da Dieter Leiphold und seine Familie eine Brauerei führten, war das für sie ein Problem. Anfang der 90er-Jahre stand das kleine Familienunternehmen kurz vor dem Bankrott. Da aber hatte Dieter Leiphold schon angefangen, in seinem Badezimmer zu experimentieren. Mit Braumalz, Bakterien, mit Enzymen, mit dem Kombucha-Hefepilz, mit seinem Know-how. Mehrere Jahre und 1,5 Millionen Euro später kam 1995 eine echte Innovation heraus: die Bionade.

Leiphold hatte ein spezielles Verfahren erfunden, das den Zucker im Braumalz nicht zu Alkohol vergor, sondern zu Gluconsäure – einer sehr milden Fruchtsäure, die das Getränk nicht nur konserviert, sondern die Mineralstoffe auch noch in einer Form bindet, die vom Körper sehr gut aufgenommen werden kann. Verschiedene Frucht- und Kräuterzusätze sorgten für den Geschmack. So weit, so innovativ, so gesund, so gut – der Weg zum Erfolg war trotzdem immer noch weit. Großbrauereien wollten die Lizenz zur Herstellung der Bionade nicht haben. Getränkehändler blieben auf den Bionade-Kisten sitzen, denn die Kunden wussten nicht, was es mit der Bio-Brause auf sich hatte. Klar: Geld für Werbung

und Marketing war keins da. Aber das Familienunternehmen, das noch immer ums Überleben kämpfte, glaubte an sein Produkt. Und gab nicht auf.

Ende der 90er-Jahre kam dann der Erfolg. Tatsächlich fast über Nacht und zunächst unbemerkt: Ein großer Getränkehändler in Hamburg hatte das Potenzial der Bionade erkannt und verkaufte sie in Szene-Kneipen, wo sie schnell zum Kult-Getränk avancierte. Heute verkauft das Unternehmen 70 Millionen Flaschen pro Jahr. Bionade gibt es im Lebensmitteleinzelhandel, in Drogerien, in der Gastronomie, in Schulen, Behörden, Betriebskantinen und sogar in den Bordbistros der Züge der Deutschen Bahn. Dieter Leipholds Stiefsohn und Bionade-Geschäftsführer Peter Kowalsky wurde zum Mittelständler des Jahres 2006 gekürt, die Bionade mit Auszeichnungen überhäuft, die Presse überschlug sich: „Zaubertrank aus Franken", „Das Wunder von Ostheim", „Siegeszug einer Bio-Limo", „Der Wahnsinn in der Flasche" – Schreibweisen des Erfolgs.

Was lernen wir daraus? Drei Dinge. Erstens: Ohne langfristiges Denken geht es nicht. Selbst wer seinen Fokus auf die nächsten fünf Jahre richtet, denkt noch zu klein. 20 Jahre, 25 Jahre, die nächste Generation. Das sind Dimensionen, innerhalb derer sich Erfolg abspielt. Zweitens: Rückschläge einstecken ist gesund. Es zwingt dazu, Fragen zu stellen: Was können wir noch besser machen? Was war falsch an diesem Weg, den wir bisher gegangen sind? Und drittens: Das Schielen auf Quartalsberichte und Shareholder-Value bringt nichts. Wenn es nur ums Geld gegangen wäre, hätten Dieter Leiphold und seine Familie die Bionade GmbH schon längst an Coca-Cola verkauft. Das Angebot lag auf dem Tisch. Ein sehr gutes Angebot. Aber dann wäre alles vorbei gewesen: keine eigene Identität als Familienunternehmen mehr. Keine Arbeitsplätze mehr in einer Region, deren Vergangenheit als

Zonenrandgebiet man immer noch nachspüren kann. Keinen Spaß, den diese Familie an ihrer Arbeit und an ihrem Erfolg hat und den man mit Geld niemals bezahlen kann. Kein „Wunder von Ostheim".

Kalb in Panik

Kurz nachdem die Wölfe im Anschluss an ihre kurze Pause wieder aufgebrochen sind, stoßen sie auf Beute: In einem weitläufigen Tal, das von einem Fluss durchzogen ist, steht eine Herde Moschusochsen. Mit ihren breiten und scharfkantigen Hufen kratzen sie im Schnee und suchen darunter nach Moos und Flechten. Auf einer kleinen Anhöhe stehend, beobachtet das Rudel die Tiere. Jetzt, noch vor Beginn des Winters, sind die Moschusochsen gut genährt. Die Fettpolster und das lange, bis zum Boden reichende Fell werden sie vor der monatelangen Kälte schützen, die bald hereinbrechen wird. Die Herde besteht aus ungefähr 25 Tieren, unter ihnen etliche Kälber, die im Frühjahr geboren wurden und noch von ihren Müttern gesäugt werden.

Die Wölfe stehen eng zusammen auf ihrer Anhöhe und scheinen so etwas wie Kriegsrat zu halten. Sie schauen über das Tal. Es ist fast eben, nur am Horizont ragen einige Berge auf. Jetzt kommen sie von der Anhöhe herunter, zielbewusst, zügig, aber nicht hektisch oder überstürzt. In einer breiten Formation nähern sie sich den Moschusochsen. Dabei tun sie beinahe desinteressiert. Beiläufig schlendern sie heran, schauen nach links, nach rechts, fast könnte man auf die Idee kommen, sie wüssten gar nicht, was sie da vor sich haben. Jetzt lassen sie sich sogar fünf Meter vor der Herde nieder. Anders die Moschusochsen: Sie wissen sofort, was die Stunde geschlagen hat. Und bilden eine Phalanx. Sie stehen Schulter

an Schulter, die massiven Köpfe mit den Hörnern gesenkt, die zusammen mit dem Buckel über der Schulter eine schier undurchdringbare Wand bilden. Dahinter, geschützt: die Kälber der Herde.

Die Wölfe tun weiter harmlos. Liegen herum, stehen auch mal auf, um sich die Beine zu vertreten. Das geht eine ganze Zeit lang so. Bis die Phalanx der Moschusochsen aufbricht, weil die Kälber zu unruhig geworden sind. Und weil einige der Ochsen lieber wieder nach Moos und Flechten suchen, anstatt zu warten, bis die Wölfe sich überlegt haben, was sie wollen. Das ist der Moment, in dem der Betawolf und Fähe 3 sich ganz beiläufig vom Rudel entfernen, so als hätten sie keine Lust mehr. Sie nehmen Kurs auf die kleine Anhöhe, auf der vorher das ganze Rudel gestanden hatte. Rüde 3 dagegen schleicht sich desinteressiert um die sich langsam auflösende Phalanx der Moschusochsen herum.

Aber die Moschusochsen sind nach wie vor wachsam! Sofort haben sie ihre Verteidigungsstellung wieder eingenommen, dieses Mal sogar in einer Kreisform. Nun belauern die Wölfe die Herde ernsthaft. Schleichen um sie herum. Rücken immer näher. Da verliert einer der Moschusochsen die Nerven und bricht aus der Phalanx aus. Sofort stoßen zwei Wölfe in die Lücke und treiben so die Herde auseinander. Es bilden sich zwei voneinander getrennte Gruppen, deren Tiere sich jeweils wieder eng zusammendrängen. Die Wölfe belauern nun beide Gruppen, die sich etwas voneinander entfernen. Hin und wieder stößt einer der Moschusochsen mit den Hörnern nach einem Wolf, der ihm zu nahe gekommen ist.

Dem Alphawolf ist es mittlerweile gelungen, die kleinere der beiden Gruppen noch einmal zu teilen. Sofort ist ein Wolf zur Stelle, wenn sich irgendwo die Moschusochsen wieder zu einer geschlossenen Formation zusammenfinden wollen. Eine gemeinsame Verteidigung der Ochsen ist jetzt nicht mehr erkennbar. Sie werden zunehmend nervös. Jetzt setzen die Wölfe noch einen drauf und fangen an, einzelnen Moschusochsen hinterherzusetzen, sie zu jagen. Sie müssen herausfinden: Wer von ihnen ist schwach, wer kann ihnen nicht mehr allzu viel Kraft entgegenstemmen, bei welchem Beutetier sind die Chancen auf Erfolg am größten?

Die Moschusochsen wehren sich nach Kräften. Sie senken ihre massiven Köpfe mit den gewaltigen Hörnern, vor denen die Wölfe großen Respekt haben und zurückweichen. Auch vor den scharfen Hufen müssen sie sich in Acht nehmen. Das Schnauben der Ochsen, das Stampfen ihrer Hufe ist weithin zu hören. Mit zunehmendem Tempo wirbeln die Tiere immer mehr Schnee auf, sodass die Szenerie in einer weißen Wolke aus dampfendem Atem und Schnee zu verschwinden scheint.

Die Wölfe rücken den Ochsen jetzt immer aggressiver auf den Leib, lassen ihnen keine Ruhe, stoßen immer wieder vor. Da passiert es: Einer der Ochsen rutscht aus, stürzt, liegt auf dem Rücken und kann sich nicht gleich hochrappeln. Sofort sind die anderen Wölfe über ihm. Noch während sie ihn attackieren, kommen der Betawolf und Fähe 3 von ihrem Hügel heruntergestürzt, von dem aus sie das Treiben beobachtet haben. Sie beteiligen sich aber nicht an der Attacke auf den am Boden liegenden Moschusochsen. Sie setzen einem Kalb hinterher, das im Getümmel den engen Kontakt zu seiner Mutter verloren hat und nun in blinder Panik Richtung Fluss flieht.

Businesspläne sind für die Bank, nicht für die Realität!

Stellen Sie sich vor: Sie haben ein neues Unternehmen gegründet. Sie wollen eine Dienstleistung anbieten, die Sie für innovativ, zielgruppengerecht, leicht zu erklären und zu vermarkten und erfolgsträchtig, sprich absolut genial halten. Nicht nur Sie: Ein Marktforschungsinstitut bescheinigt Ihnen gute Erfolgsaussichten. Auch die Banken ziehen mit, was Ihnen erheblichen Auftrieb verschafft, denn Sie brauchen eine Anschubfinanzierung. Bei einem Businessplan-Wettbewerb gewinnen Sie den ersten Preis für Ihr Konzept. Dann starten Sie frohen Mutes mit der Geschäftstätigkeit. Und jetzt kommt es ans Tageslicht: Ihre Kunden wollen diese Dienstleistung nicht. Allen positiven Voraussagen zum Trotz. Was für eine Unverschämtheit! Und was jetzt? Wenn Sie jetzt stur an Ihrer Geschäftsidee festhalten und versuchen, den Businessplan unverändert umzusetzen, sind Sie in zwei Jahren spätestens am Ende. Aber zum Glück sind Businesspläne ja für die Bank und nicht für die Realität.

Falls Sie jemals in einer solchen Situation waren oder sind – Sie befinden sich in bester Gesellschaft. Was glauben Sie, wie viele Produkte erfunden worden sind, die keiner wollte? Und wie viele andere sich zum Renner entwickelt haben, völlig unbeabsichtigt, quasi als Nebenwirkung, aus purem Zufall – weil in einer ganz anderen Zielgruppe als in der, für die sie ursprünglich konzipiert wurden? Es werden Dienstleistungen verkauft, die vor 20 Jahren noch als utopisch bis wahnsinnig eingestuft worden wären. Schauen Sie sich nur einmal das Internet an. Ursprünglich zur effektiven Nutzung von knappen Rechnerkapazitäten an amerikanischen Forschungseinrichtungen entworfen, dient es heute als weltweites Kommunikationssystem. Denken Sie an Kinderschokolade: Sie wird als

„speziell für Kinder entwickelte Schokolade" vermarktet. Und wer isst sie? Genau. Die über 40-Jährigen. Oder denken Sie an SMS – ursprünglich von den Mobilfunknetzbetreibern als reines „Abfallprodukt" kostenlos angeboten, ist es heute der Dienst, der den meisten Gewinn abwirft. Und ein bevorzugtes Regierungsinstrument unserer Bundeskanzlerin.

Sie kennen das Büromöbelsystem USM Haller? Diese verchromten Metallgestelle, in die Platten aus unterschiedlichen Materialien eingesetzt werden können? Auch dieses Produkt wurde durch Zufall entdeckt. In den 60er-Jahren beauftragte die Firmenleitung von USM – ein Hersteller von Baubeschlägen aus der Schweiz – den Architekten Fritz Haller mit dem Bau einer neuen Fabrikhalle und eines neuen Verwaltungsgebäudes. Haller entwarf einen futuristischen Bau im Stahlbausystem, flexibel erweiterbar. Anschließend stellte sich die Frage nach der Einrichtung des neuen Verwaltungsgebäudes – und Architekt Haller entwickelte gemeinsam mit der Firmenleitung die Idee, das Stahlbausystem vom Großen aufs Kleine zu übertragen. So entstanden Büromöbel, die besonders gut zu den Hallen passten, in denen sie standen. An dieser Stelle kam der Zufall ins Spiel. Die für den Hausgebrauch hergestellten Büromöbel wurden von Besuchern entdeckt – einer Delegation aus der Rothschild-Bank. Die Banker waren begeistert, bestellten die Möbel und sorgten so für den Beginn dessen, was heute die Firma USM ausmacht: die Produktion individueller, hochwertiger, stilsicherer Möbelprogramme, die zu Klassikern avanciert sind: USM Haller, vor über 40 Jahren erfunden, wurde mit allen wichtigen Designpreisen ausgezeichnet und ist seit 2001 Bestandteil der permanenten Designsammlung des New York Museum of Modern Art.

Worum geht es hier also? Darum, an einem einmal festgelegten Ziel nicht um jeden Preis festzuhalten. Auch unterwegs in-

nezuhalten und nachzuschauen – wie die Wölfe bei der Jagd: Ist dieses Moschusochsenkalb hier wirklich das schwächste, dessen Verfolgung die größten Chancen auf Erfolg bietet? Oder ist es doch der gestrauchelte Ochse da drüben? Oder gibt es etwa noch ein anderes Tier, dessen Verfolgung sich lohnt? Und was meinen meine Jagdgefährten dazu, die da oben auf dem Hügel den besseren Überblick haben als ich? Für Sie als Alphachef heißt das: Ist dieser Kunde, auf den ich mich hier ausgerichtet habe, wirklich der beste, einträglichste, angenehmste, vielversprechendste? Und ist meine ursprüngliche Zielgruppe überhaupt noch der stärkste Konsument meiner Produkte? Oder hat sich da auch etwas geändert? Sollte ich meine Marketingstrategie anpassen, damit ich die andere Zielgruppe besser erreiche?

Verfallen Sie nicht in Aktionismus. Laufen Sie nicht jedem erstbesten Moschusochsen hinterher. Probieren Sie aus, verfolgen Sie verschiedene Ansätze, testen Sie verschiedene Zielgruppen, bevor Sie sich auf eine Strategie festlegen. Schauen Sie immer genau hin, wo der Ochse wirklich langläuft. Ihr globales Ziel ist klar. Aber die Details legen Sie auf dem Weg dahin fest. Denn die können Sie selbst bei einer noch so detaillierten Analyse nicht im Voraus bestimmen.

Um noch einmal auf das Bild mit der Wanderkarte zurückzukommen: Wenn Sie eine Wanderung planen, können Sie den Weg festlegen. Wenn Sie aber vor Ort ankommen und feststellen, dass der Fluss über die Ufer getreten ist, dabei eine Brücke mit sich gerissen hat, über die Sie den Fluss eigentlich überqueren wollten, dann werden Sie sich ja auch nicht wie ein Lemming in die Fluten stürzen, nur weil das der geplante Weg gewesen wäre. Sie werden auch kaum sitzen bleiben und warten, bis die Brücke wieder repariert worden ist. Sie werden sich einfach einen anderen Weg zu Ihrem Ziel suchen.

Pläne sind dazu da, dass man sie ändert

Das Moschusochsenkalb hat noch nicht gemerkt, dass es von zwei Wölfen verfolgt wird. Es flüchtet nach vorne, zum Fluss, weil ihm da die Wölfe nicht den Rückzug abschneiden können. Sein Vorsprung ist beträchtlich. Mehrere der Bullen und Kühe nehmen ebenfalls Kurs in diese Richtung. Der Betawolf und Fähe 3 sind ausdauernde Jäger und sprintstark. Sie kommen dem Kalb rasch näher. Jetzt hat das Kalb den Fluss erreicht und hetzt an ihm entlang, auf der Suche nach einer Stelle, die es ihm erlaubt, den Fluss schnell zu überqueren. Aber in dem Moment, als es diese Stelle gefunden zu haben glaubt und sich anschickt, die Böschung hinunterzuspringen, ist es vorbei: Die Wölfe sind über ihm, fast lautlos, und bringen es zu Fall. Der Betawolf beißt sich im Kopf des Kalbs fest. Fähe 3 verbeißt sich direkt in den Nüstern des Tieres. Ineinander verkeilt rutschen alle drei die Böschung hinunter.

Unterdessen hat der Rest des Rudels den gestürzten Moschusochsen getötet – der Einsatz von sechs Wölfen war nötig, um ihn zur Strecke zu bringen. Einer der Jungwölfe ist verletzt worden, getroffen von einem der herumwirbelnden Hufe des Ochsen. Die Alphawölfin und eine weitere Fähe eilen zum Fluss, um dem Betawolf und Fähe 3 im Kampf gegen das Kalb beizustehen. Zu viert gelingt es ihnen, das Kalb zu töten – mit einem finalen Biss in den Hals.

Nach der Marktsondierung ist es vorbei mit der Gemächlichkeit. Dann ist schnelles Handeln angesagt. Wenn der Point of no Return erreicht ist, gibt es nur noch schnelle und zielgerichtete Aktionen. Wie in einem OP-Team oder bei der Besetzung eines Notarztwagens geht es nur noch darum: abgestimmt agieren, effizient kommunizieren. Jeder kennt seine Rolle und füllt diese auf seiner Position auch aus. Diskussionen gibt es jetzt keine mehr. Wie bei den Wölfen: Ist die Entscheidung für ein bestimmtes Beutetier erst einmal gefallen, bleiben sie so lange dran, bis die Beute erlegt und der Erfolg da ist.

Aber selbst in dieser Phase heißt es wachsam sein. Wenn es neue Erkenntnisse gibt, wenn sich die Umstände ändern, muss auch in diesem Stadium noch eine Korrektur des Vorgehens denkbar und möglich sein. Alles andere würde nicht nur bei den Wölfen Energieverschwendung bedeuten, sondern auch in Unternehmen. Haben Sie keine Angst vor Gesichtsverlust: Pläne sind dazu da, dass man sie ändert. Und es gibt Phasen, in denen ist das Weiterverfolgen Ihrer ursprünglichen Vorhaben weitaus destruktiver als das Aufgeben. Werfen Sie kein gutes Geld dem schlechten hinterher. Bleiben Sie dran, aber nicht um jeden Preis.

Feldforschungen haben herausgefunden, dass Wölfe nur bei einem Viertel ihrer Jagden wirklich erfolgreich sind. Das ist eine ziemlich niedrige Quote. Und wer war dieser schlaue Mensch, der gesagt hat: „Wenn wir keine Fehler gemacht haben, dann haben wir nur noch nicht genug ausprobiert"? Fehler sind dazu da, um aus ihnen zu lernen. Klar: Wer sich gar nicht erst bewegt, nichts unternimmt, kann auch keine Fehler machen. Der wird aber auch nicht gewinnen. Es geht darum, eine Anzahl von Schüssen abzugeben, um auch mal einen Treffer zu landen.

Bleiben Sie in Bewegung, sondieren Sie Ihre Ziele und erkennen Sie im richtigen Moment, wenn ein Ziel nur mit einem unverhältnismäßig großen Aufwand zu erreichen ist. Und erlauben Sie es sich dann, dieses Ziel aufzugeben. Damit folgen Sie dem guten Beispiel von DaimlerChrysler. DaimlerChrysler hat erkannt: Das mit der Fusion war keine richtig gute Idee. Und traute sich nach über neun Jahren,

den Deal wieder rückgängig zu machen. Das war zwar mit herben Verlusten in Milliardenhöhe für Daimler verbunden. Froh waren trotzdem alle – von den Arbeitnehmervertretern über die Gewerkschaften bis zu den Aktionären –, denn die erhofften Synergieeffekte hatten sich nicht einlösen lassen. Und so gab es das viel besungene Ende mit Schrecken statt eines Schreckens ohne Ende.

Schwarzer Zwerg mit goldener Nase

Nun haben die Wölfe, was sie brauchen: Beute. Fast mehr als genug. Ein kapitaler Moschusochse und ein Kalb. Unmittelbar nachdem sie die Tiere getötet haben, beginnen sie fast geschäftsmäßig, die Nahrung zu verschlingen: schnell, effektiv. Und so partnerschaftlich und kooperativ sie bei der Jagd auch zugange waren – nun geht es darum, dass jeder so viel wie möglich von der Beute abbekommt. Kleinere Scharmützel bleiben da nicht aus. Die Alphatiere als Initiatoren des Erfolgs bekommen als erste ihren Teil der Beute. Keiner der anderen Wölfe stellt das infrage. Anders sieht das auf den niederen Rängen aus: Hier werden schon mal Zähne gefletscht und da wird geknurrt, um den voreiligen Konkurrenten in seine Schranken zu weisen. Aber heute geht keiner leer aus, und so sind die Wölfe konzentriert und beinahe friedlich bei der Sache. Das ist die Belohnung für ihre Mühen, für die letzten Tage, an denen sie hungern mussten, und für die Anstrengungen der Jagd.

Auch wenn die Wölfe außerordentlich viel Fleisch auf einmal fressen können: Die beiden Moschusochsen sind zu viel für sie. Und da sie nicht in der Nähe ihres Lagerplatzes am Waldrand gejagt haben, vergraben sie die Reste der Beute auch nicht. Vielmehr richten sie sich darauf ein, ein bis zwei Tage am

Schauplatz des Geschehens zu bleiben. Und immer wieder zu fressen. So lange, bis nichts mehr übrig ist. Zwischendrin gehen sie zum Fluss, um zu trinken und sich zu säubern.

Nach kurzer Zeit ist auch schon der erste Nahrungskonkurrent da: Ein großer Bär schleicht um das fressende Wolfsrudel herum. Er ist kurz vor dem Winterschlaf und noch auf der Suche nach Futter. Die Wölfe aber – satt, gestärkt, angriffslustig – schlagen ihn mit vereinten Kräften schnell in die Flucht.

Das kennen Sie auch. Der Erfolg ist da. Sie haben ein neues Produkt erfolgreich am Markt etabliert. Ihre Truppe ist auf Kurs. Allen geht es gut, alles läuft bestens. Und dann tritt die Konkurrenz auf den Plan. Kopiert Ihre brillante Idee und stellt Plagiate ihres innovativen Produkts her. Trösten Sie sich: Auch hier sind Sie in bester Gesellschaft. Ob Kaffeekannen von Leifheit, Designerstühle von Mies van der Rohe, Kopfhörer von Sennheiser – Produktpiraten machen vor nichts Halt. Jedes Jahr auf der weltweit größten Konsumgütermesse „Ambiente“ in Frankfurt wird der „Plagiarius“ für besonders dreiste Produktkopierer verliehen, ein schwarzer Zwerg mit goldener Nase. Letztere verdienen sich nicht zuletzt die deutschen Billigdiscounter an den in Fernost hergestellten Plagiaten. Den Herstellern der Originale fügen sie damit nicht selten beträchtlichen Schaden zu. Wehren kann man sich nur wirksam, wenn entsprechende Patente angemeldet sind. Und wenn man schnell handelt. Wenn man erst nach drei Monaten herausfindet, dass das von einem Entwicklerteam in teurer und langwieriger Arbeit entwickelte System zur Befestigung von Satteltaschen an Fahrrädern längst zu einem Bruchteil des Preises bei Aldi & Co. verkauft wird, können die Verluste dadurch schon immens sein. Und selbst wenn Sie Patente angemeldet haben und schnell eine einstweilige Verfügung erwirken, ist es schwierig, die bezifferten Verluste

wieder einzutreiben, denn oft existieren dann die Firmen gar nicht mehr, die das Produkt kopiert hatten.

Halten Sie es auch hier mit den Wölfen: Richten Sie Ihre Aufmerksamkeit nicht nur auf den leckeren Moschusochsen direkt vor Ihrer Nase, sondern schauen Sie immer auf die Konkurrenz, die ihren Teil abhaben will.

Und lernen Sie noch etwas von den Wölfen: Teilen Sie Ihren Erfolg. Geben Sie denen etwas ab, die Ihnen geholfen haben, diesen Erfolg zu erreichen. Denn er ist nicht nur auf Ihrem Mist gewachsen. Erfolg entsteht immer durch Teamwork. Und wenn Sie alle am Erfolg teilhaben lassen, die es verdient haben, legen Sie gleich eine gute Basis für die nächste gemeinsame Höchstleistung.

10

Kommunikation

Warum jeder im Rudel stets weiß, was zu tun ist

Der Betawolf und die Fähe 3 hatten sich auf die kleine Anhöhe zurückgezogen, wie auf einen Feldherrenhügel. Von dort oben beobachteten die beiden, was am Talgrund geschah. Aus einer erhöhten Perspektive und von außen. Sie ließen ihre Rudelgenossen erst einmal machen. Aufgrund ihrer Erfahrung und ihrer feinen Beobachtungsgabe konnten sie dann aber genau den Moment ausmachen, in dem ihr Eingreifen nötig wurde: Als das Kalb die Flucht ergriff und keiner der anderen Wölfe das mitbekam – zu beschäftigt waren alle, den gestürzten Moschusochsen zu attackieren.

Erfolgreiche Alphachefs tun genau das: Sie sind nicht in die Wirren des operativen Geschäfts verstrickt, sondern bewahren sich eine gewisse Außensicht. Weil das aber überhaupt nicht heißt, dass sie eine Distanz zu ihren Mitarbeitern pflegen, und weil sie ihre Mitarbeiter genau und sensibel beobachten, bekommen sie mit, wann diese Unterstützung brauchen: beispielsweise in einer Verhandlungssituation. Oder in einer Besprechung mit Geschäftspartnern. Da greifen Chefs mit Alphaqualitäten dann zum richtigen Zeitpunkt ein, um die Sache zu einem erfolgreichen Abschluss zu bringen.

Faszinierend an einem Wolfsrudel sind sowohl die Lautlosigkeit als auch die Effizienz der Kommunikation zwischen den Tieren. Wölfe brauchen weder Worte noch Sitzungsprotokolle oder BlackBerrys, um zu einem Jagderfolg zu kommen. Ihnen reichen Beobachtungen, Blicke, Bewegungen. Ein Wolf muss sein Umfeld jedoch sehr genau beobachten, um kleinste Veränderungen in den Gesichtern seiner Rudelgenossen wahrnehmen zu können. Bei der Jagd kommunizieren Wölfe auch viel über die Geschwindigkeit, mit der sie sich bewegen. Spurtet ein Wolf los, um einem flüchtenden Tier nachzusetzen, dann wissen die anderen: „Da passiert was, schnell hin, er braucht unsere Hilfe!“ Den Wölfen bleibt in diesen Situationen nicht viel Zeit, um sich zu überlegen: Geh ich da jetzt hin oder nicht? Bei der Jagd entscheiden Sekundenbruchteile über Scheitern oder Erfolg der gesamten Aktion. Da kommt es darauf an, verlässlich, eindeutig und unmittelbar zu kommunizieren. So, dass jeder sofort genau weiß, woran er ist, wo der andere gerade Hilfe braucht und was als Nächstes getan werden muss.

Ein bei der Jagd agierendes Wolfsrudel kann gut mit einem Rettungsteam, einem Notfallteam oder auch einem OP-Team verglichen werden. Auch in diesen Teams ist keine Zeit, darüber zu diskutieren, ob der Kollege nun recht hat mit seiner Einschätzung, diese oder jene Maßnahme zu ergreifen. Diskussionen können den Tod desjenigen bedeuten, der auf dem Tisch liegt. Wenn da nicht jeder Griff sitzt und man sich nicht mit ganz wenigen Worten verständigen und abstimmen kann, sieht es schlecht aus. Das lernen aber weder Wölfe noch Menschen von heute auf morgen. Intensives Training und einige Erfahrung sind die Voraussetzungen dafür.

Wunsch und Wirklichkeit

In Unternehmen erlebt man meistens das genaue Gegenteil von effizienter, eindeutiger Kommunikation: Da wird oft viel Getöse um nichts veranstaltet. Abgestimmte Vorgänge? Fehlanzeige. Lieber rennen drei Leute gleichzeitig los, um eine bestimmte Aufgabe zu erledigen. Was heißt rennen: Die Ablieferung der Arbeitsergebnisse wird verzögert, hinausgeschoben, abgebremst, und dann geht man erst mal in den Urlaub. Und dann diese Meetings – in die viele hineingehen und wenig herauskommt! Was wird da nicht alles besprochen, gesagt, erörtert, abgehandelt und beraten! Und totgeredet. Denn an der Durchführung all der schönen Dinge klemmt es dann. Woran liegt es, dass alle hinterher meist noch verwirrter sind als vorher?

Oft liegt es an der Körpersprache der Anwesenden, die andere Signale aussendet als das, was tatsächlich gesagt wird. Worte und Taten passen nicht zusammen. Das hinterlässt beim Betrachter einen diffusen Eindruck: „Wieso sagt er jetzt, dass er totale Offenheit will, wo er selbst sich so auf seinem Stuhl verkeilt hat, dass er sich fast nicht mehr bewegen kann? Und wieso schaut er mir dabei nicht ins Gesicht? Und warum klingt seine Stimme so gequetscht?“

In einem mittelständischen, Metall verarbeitenden Betrieb stand ein Restrukturierungsprojekt an. Die Organisation sollte auf Projektteams umgestellt werden, die ihre Aufträge von A bis Z komplett eigenverantwortlich bearbeiten sollten. Es fand ein Meeting statt, in dem diese Veränderungen kommuniziert wurden. Der Geschäftsführer sicherte den Projektteams jegliche Unterstützung zu, die sie brauchen würden. Er dachte zumindest, dass er das getan hätte. Was die zukünftigen Projektleiter jedoch hörten und sahen, war

das: einen Geschäftsführer, der unruhig auf seinem Stuhl hin- und herrutschte, seine Unterlagen erst auseinanderpflückte, dann wieder zusammenschob, immer wieder verstohlen seinen BlackBerry nach neuen Nachrichten checkte, während sein Assistent den Projektleitern die neue Struktur erklärte. Am Ende sagte der Geschäftsführer: „Also gut, dann haben wir das jetzt ja. Fragen dürften eigentlich nicht offengeblieben sein. Wenn noch was ist, kommen Sie zu mir. Die nächsten zehn Tage bin ich allerdings außer Haus."

Der Geschäftsführer sendete auf zwei verschiedenen Ebenen höchst widersprüchliche Signale aus. Seine Art zu kommunizieren kann nur Unheil nach sich ziehen. Sie ist nicht stimmig, nicht ganzheitlich. Absicht und Aussage klaffen meterweit auseinander. Was soll den Mitarbeitern da anderes übrig bleiben, als sich verwirrt in ihre Büros zurückzuziehen und darauf zu hoffen, dass sich alles schon irgendwie ergeben würde? Nur: Mit „irgendwie ergeben" ist abgestimmtes, strategisches, zielgerichtetes Vorgehen wohl nicht gemeint. Und so ist auch kein effektives und effizientes Abwickeln von Projekten zu erzielen. Wäre der Geschäftsführer ein cleverer Alphachef gewesen, hätte er dafür gesorgt, dass das, was er da sagte, und vor allem wie er es sagte, zu dem gepasst hätte, was er eigentlich rüberbringen wollte. Das ist von einer Führungskraft nicht zu viel verlangt, denn das sind die Basics: Effektiv kommunizieren – genau das bedeutet führen.

Wölfe können das. Sie machen uns vor, wie effizient Kommunikation durch Authentizität ist. Denn bei den Wölfen sind Denken und Handeln eins. Sie können anderen nichts vormachen. Stellen Sie sich einen Wolf vor, der bei der Jagd widersprüchliche Signale aussendete, aus was für Gründen auch immer: ein Desaster für den Jagderfolg des gesamten Rudels. Wenn ein Wolf den anderen etwas vormachen würde, hieße das, dass er seine eigenen Interessen über die der anderen und damit über den Erfolg und schlussendlich über das Überleben des gesamten Rudels stellte.

Wenn das Menschen in Unternehmen machen, bedeutet das im Übrigen genau dasselbe. Verstellte und verbogene, inkongruente Kommunikation ist eine Form des Egoismus, die langfristig allen Beteiligten schadet. Als Führungskraft sollten Sie konsequent dagegen vorgehen und in Ihrem Team keine Widersprüchlichkeiten und Doppeldeutigkeiten dulden – angefangen bei Ihnen selbst.

Ausgewrungene Handtücher

Aus irgendwelchen Gründen gelingt es uns Menschen regelmäßig nur in Situationen, in denen es um Leben und Tod geht, unsere eigenen Interessen zurückzustellen. Dann kommunizieren wir klar und eindeutig, sodass jeder weiß, was zu tun ist. Wenn es – wie bei den Wölfen – ums nackte Überleben geht, ist auch uns Menschen reibungsfreies, eindeutiges und effizientes Agieren möglich. Bei hereinbrechenden Naturkatastrophen oder ähnlichen Notsituationen ist das immer wieder sehr gut zu beobachten. Im normalen Leben sind wir uns der Tragweite unserer Handlungen dagegen meist nicht bewusst. Im ganz normalen operativen Bereich des Unternehmensalltags ist es schwer, eine gewisse Dringlichkeit zu erkennen und zu spüren. Oder anders ausgedrückt: „Wenn es dem Esel zu gut geht, geht er aufs Glatteis zum Tanzen."

Haben Sie schon einmal einen Tunnelblick gehabt? Erlebt, wie es ist, wenn wirklich alles – außer der einen Situation, um die es da ging – ausgeblendet ist? Alle Aufmerksamkeit auf den einen Punkt fokussiert? In solchen Situationen, wenn der Körper mit Adrenalin durchflutet ist, läuft das menschliche Gehirn

zu Höchstleistungen auf. Da handelt man wirklich intuitiv, ja, schon instinktiv. Kann Informationen schneller verarbeiten und auch weitergeben, denn das Ziel ist klar – Brand löschen, Verletzte versorgen, Mensch aus brennendem Auto ziehen –, jeder Handgriff muss sitzen und alles, was im Hintergrund noch so abläuft, bleibt auch genau da: im Hintergrund. Solche Situationen sind unglaublich kräftezehrend, man fühlt sich hinterher wie ein ausgewrungenes Handtuch. Aber aus diesen Situationen kann man trotzdem etwas lernen: Wenn man sich wirklich fokussiert, sich ganz einer Sache hingibt, wird die Kommunikation reibungsärmer und dadurch erfolgreicher.

Der Mensch ist nicht uneingeschränkt multitaskingfähig. Er kann zwar vieles gleichzeitig machen: Autofahren und Reden. Bügeln und Telefonieren. In Besprechungen sitzen, E-Mails checken und nebenher noch ein Formular ausfüllen. Dass dann aber das, was da besprochen wird, nicht hängen bleibt, ist zwangsläufig. Und dass dann zwar vieles erledigt ist, aber nichts richtig, ist auch klar. Nur wenn sich Menschen in Ruhe auf etwas konzentrieren und alle Ablenkungen ausblenden, geraten sie in einen sogenannten Flow, einen Zustand des mühelosen Gelingens, der sie glücklich und zufrieden macht.

Das Züchten von Bienen kostet viel Zeit, besonders im Frühjahr, wenn die Völker geteilt werden oder die Bienenstöcke vergrößert werden müssen, wenn ständig überprüft werden muss, ob es Anzeichen dafür gibt, dass ein Volk ausschwärmen will, und wenn der Honig zu ernten ist. Ein Imker sagt aber dennoch, dass diese Tätigkeit die reinste Erholung und Entspannung für ihn bedeutet. Warum? Weil er sich dabei sehr stark konzentrieren muss. Nur wenn er seine Aufmerksamkeit zu 100 Prozent auf die Bienen und auf das richtet, was sie tun oder wie sie sich verhalten, fügt er ihnen keinen Schaden zu. Und ganz ungefährlich ist diese Angelegenheit ja auch nicht.

Also ist der Imker stets ganz bei der Sache, arbeitet schnell und effizient, damit er die Bienen nicht länger als nötig stören muss und sich das Risiko für ihn verringert, gestochen zu werden. Hinterher fühlt er sich, als sei er einen ganzen Tag weg gewesen, so viel Abstand hat er zu den mitunter nervtötenden Dingen seines Alltags bekommen, die ihm ständiges Multitasking abverlangen – denn er muss in seinem Job immer mindestens fünf Dinge gleichzeitig regeln und seine eigentliche Arbeit bleibt oft liegen.

Oder schauen Sie sich die Wölfe an: Wenn die eine Herde schmackhafter Karibus vor sich hätten und nun versuchten, alle auf einmal zu erlegen, gingen sie am Ende leer aus. Nur weil sie sich auf ein einziges Beutetier fokussieren, und das auch noch mit verteilten Rollen, sodass sich jeder Wolf 100-prozentig auf das konzentrieren kann, was er am besten kann, sind sie so erfolgreiche Jäger.

Taktile Informationen

Unter den Wölfen gibt es viele verschiedene Ebenen der Kommunikation, von denen sich einige gut auf den Menschen und verschiedene Situationen in Unternehmen übertragen lassen: insbesondere die taktile, die optische und die akustische Kommunikation.

Die taktile Kommunikation kommt in den aktiven Phasen der Jagd nicht zum Tragen. Da bleibt keine Zeit, sich zu beschnüffeln, zu berühren, Hautkontakt aufzunehmen. In Ruhephasen dagegen umso mehr – auch während der Jagd, wenn die Tiere sich zwischendurch sammeln oder ausruhen. Sie streifen dann aneinander vorbei, haben kurzen Kontakt, indem sie sich mit der Schnauze berühren. Das demonstriert ein Gefühl von Zusammengehörigkeit, macht aber auch immer wieder klar, wie die Rollen innerhalb des Rudels verteilt sind, wer welche Position in der Rangfolge einnimmt.

In Kapitel 3 ging es um die Relevanz des Körperkontakts auch in Businesssituationen. Wer wem und wann die Hand schüttelt, sagt durchaus etwas aus. Nicht nur über die gesellschaftliche oder geschäftliche Position der beiden Händeschüttler. Sie erhalten auch wertvolle Informationen über die jeweils andere Person: Ist der Händedruck fest und angenehm, hat das Gegenüber sofort den Eindruck: „Ah, dieser Mensch packt an, mit einer gewissen Festigkeit, vermutlich geht er auch so an seine Projekte heran." Fragt man sich aber eher, ob das, was man in der Hand hält, ein toter Fisch ist, drängt sich unwillkürlich der Eindruck auf: „Okay. Ein übermäßig zupackender Mensch scheint er nicht zu sein. Und wer einen so laschen Muskeltonus hat, bewegt sich vermutlich auch nicht so gerne. Weder mental noch körperlich." Und noch etwas: Bekommt man eine schweißnasse Hand zum Gruß gereicht, nach deren Berührung man sich verstohlen die eigenen Hände an der Hose abwischt ... aber lassen wir das. Genug Küchenpsychologie für dieses Kapitel. Eins bleibt aber dennoch festzuhalten: Taktile Kommunikation ist sehr authentisch. Da kann man in der Regel nicht manipulieren, es sei denn, man verfügt über eine sehr ausgeprägte Körperbeherrschung.

Körperkontakt ist aber auch in „Jagdsituationen" eines Unternehmens oder eines Projekts wichtig. Oder in einem Fußballteam. Das steht nicht nur zu Beginn eines Spiels in einem großen Kreis zusammen, jeder die Arme um seine Nachbarn gelegt, und schwört sich auf die bevorstehende Situation ein, indem nach außen und nach innen signalisiert wird: Wir sind eins, wir gehören zusammen, wir sind stark und wir werden die anderen abservieren. Sondern es feiert auch jedes Tor und erst recht den Sieg mit einer taktilen Orgie. Alle Spannung

fällt dann von den Spielern ab und der Erfolg wird mit denen gefeiert, denen man nahe ist – und das drückt man dann aus durch Umarmungen und wildes Übereinanderstapeln.

In etwas weniger emotionalen Businesszusammenhängen tut es dann ein Schulterklopfen nach einer erfolgreichen Verhandlung oder ein „Gimme five", wenn die Präsentation vor dem Lenkungsausschuss gut gelaufen ist. Es drückt Nähe, Vertrauen und Wertschätzung aus, ohne die eine Zusammenarbeit in heiklen, belastenden oder entscheidenden Situationen nur halb so effizient und wirkungsvoll wäre. Taktile Kommunikation rahmt also nicht nur bei den Wölfen die Situationen ein, in denen es hoch hergeht, wenn schnell und effektiv gehandelt werden muss. Und genau wie die Menschen nehmen auch die Wölfe nach Abschluss der Jagd ihre taktile Kommunikation wieder auf – aber erst, nachdem sie ihren Teil der Beute verzehrt haben.

6,6 Milliarden Realitäten auf dieser Welt

Während der Jagd kommunizieren Wölfe nicht über Laute. Damit würden sie ihre Beute warnen und in die Flucht schlagen. Sie tun das vorher. Oft geben sie durch gemeinsames Heulen das Signal für den Aufbruch zur Jagd. Der akustische Kommunikationskanal fällt für sie während der Jagd also aus. Aber nicht nur für sie, sondern auch für Menschen in so manchen Situationen: Denken Sie an eine Antiterroreinheit der Polizei. Oder an eine spezielle Truppe zur Befreiung von Geiseln. Wollen sich die Polizisten während des laufenden Einsatzes verständigen, kann das oft genug nur über Blickkontakt und Zeichensprache laufen. Der Täter könnte sonst gewarnt sein und in einer Kurzschlussreaktion Dinge tun, die für die Geiseln nicht gut wären. Auch in Unternehmen gibt

es Situationen, in denen akustische Kommunikation nicht möglich ist und nur visuelles Kommunizieren angesagt ist. Beispielsweise bei Verhandlungen mit Lieferanten. Wenn man seinen Kollegen, die mit einem in der Verhandlung sitzen, signalisieren will: „Es reicht jetzt!“ oder „Jetzt legen wir aber noch was drauf!“, kann man ja auch nicht sagen: „Los, Herr Müller, jetzt heizen wir denen noch mal richtig ein!“ Hier ist dann ein Blick wichtig oder ein vorher verabredetes Handzeichen. In gut eingespielten, aufmerksamen Teams genügt vielleicht sogar eine veränderte Körperhaltung beim Sitzen oder ein bestimmter Gesichtsausdruck.

Auch in weiteren Situationen ist akustische Kommunikation eher ungünstig: Stellen Sie sich ein Managementteam vor, das seine Mitarbeiter über heikle Themen informieren soll, beispielsweise über laufende Verhandlungen zur Übernahme eines Unternehmensbereichs. Wenn aus taktischen Gründen – es gibt Situationen, die noch nicht spruchreif sind und die zu kommunizieren nicht empfehlenswert wäre, weil sie nur Unruhe in den Laden bringen – dann der Kollege, der gerade zu viel ausplaudert, zum Schweigen gebracht werden soll, muss ein Blick reichen, um ihn zu stoppen.

Die akustische Kommunikation spielt im Unternehmensalltag vor allem dann eine wichtige Rolle, wenn man sein Gegenüber nicht in persona vor sich hat, also der visuelle Kommunikationskanal wegfällt. Dazu zähle ich nicht nur Telefongespräche oder -konferenzen, sondern – etwas großzügig – auch die schriftliche Kommunikation. Bei Telefonaten kommt es dann sehr stark auf das genaue Zuhören an. Eine unauthentische oder verkrampfte Haltung wirkt sich ja auch auf die Stimme aus: Sie klingt dann gepresst. Oder zittert. Die Redegeschwindigkeit nimmt vielleicht zu. Und die Wortwahl verändert sich. Wenn einer eine klare Vorstellung von dem hat, was er

da erzählt und was er von dem anderen will, dann wird er das auch stimmlich klar ausdrücken. Wer sich unsicher ist, wem die Situation unangenehm ist, der wird vielleicht stammeln, um den heißen Brei herumreden, den roten Faden verlieren. Das hört man.

Auch bei der schriftlichen Kommunikation hat man das Gegenüber nicht in persona vor sich. Was haben sich nicht schon Missverständnisse, Streitereien und Zerwürfnisse ergeben aufgrund einer falsch verstandenen E-Mail! Die sind schnell geschrieben, einer wählt einen etwas flapsigen Ton, meint das alles ironisch, beim Empfänger kommt dafür pure Bösartigkeit an. In die schriftliche Kommunikation kann man alles hineininterpretieren, was einem gerade so in den Sinn kommt und ins Weltbild passt. „Wie, jetzt schreibt er auf einmal nur noch ‚Hallo' statt ‚Liebe Frau Schmidt'! Da muss was schiefgelaufen sein bei der letzten Sitzung! Sonst würde er doch jetzt nicht so distanziert tun!" In Wahrheit hat Herr Maier keinen einzigen Gedanken an die Anrede verschwendet, die er da schrieb. Jeder lebt in seiner eigenen Realität und es gibt genau so viele Welten wie Menschen auf der Erde. Das ist Fakt. Und wer nur über einen Kanal kommuniziert, dem fehlen die anderen Kanäle, um seine Wahrnehmung zu verifizieren. Hätte Frau Schmidt „gehört", wie Herr Maier „Hallo Frau Schmidt" schreibt, wäre sie nie auf die Idee gekommen, ihm distanziertes Verhalten zu unterstellen.

Akustische Kommunikation im Businessalltag ist unter dem Strich suboptimal. Das funktioniert eigentlich nur, wenn man eine persönliche Basis gelegt hat, die aus viel Vertrauen besteht. Sie als Alphachef sollten deshalb immer wieder auch persönliche Begegnungen mit Ihren Mitarbeitern den rein akustischen Begegnungen vorziehen. Persönliche Gespräche signalisieren: Der persönliche Austausch mit dem Mitarbeiter

ist Ihnen so wichtig, dass Sie dafür sogar die Zeit investieren, sich zu ihm zu bewegen oder sich eine Stunde lang mit ihm zu einem persönlichen Gespräch hinzusetzen. Jemand, der mit seinen Mitarbeitern nur fernmündlich oder per E-Mail kommuniziert, ist kein Alphachef. Der sorgt nämlich für echte Nähe und ist immer mitten drin in seinem Rudel.

Und noch etwas: Als Alphachef wollen Sie wissen, was mit Ihren Mitarbeitern wirklich los ist. Und das können Sie nur herausfinden, wenn Sie ein rundes Bild haben von einem Menschen und seiner Situation. Und das haben Sie nur, wenn Sie die ganze Person, mit Mimik, Gestik, Körpersprache und dem, was er da sagt, vor sich sehen. Denn nur dann können Sie überprüfen, ob es stimmig und authentisch ist, was dieser Mensch da so von sich gibt. Persönliche Aspekte, persönlicher Kontakt ist so wichtig. Das können Sie vermutlich am besten nachvollziehen, wenn Sie an Konflikte und deren Lösung denken. Da käme wahrscheinlich auch niemand auf die Idee, eine Aussprache lediglich am Telefon oder per Videokonferenz zu inszenieren.

Eine weitere Alphaqualifikation ist die Sensibilität zu erkennen, ob eine Situation nun persönliches Erscheinen erfordert oder nicht. Ob schriftliche Kommunikation besser wäre oder ob ein Telefonanruf reicht. Sensibilität für Inhalte („Wie wichtig ist diese neue Direktive von oben, die ich jetzt an meine Mitarbeiter kommunizieren soll? Reicht eine Rund-Mail? Oder muss eine Besprechung angesetzt werden, um die Bedeutung der Direktive zu betonen?“) und für das Gegenüber („Wird diese Nachricht jetzt bei Herrn Maier wieder einen Ohnmachtsanfall auslösen? Dann gehe ich besser hin und sage es ihm persönlich. So kann ich ihn wenigstens auffangen“) gehört ebenso dazu. Wenn man eine gewisse Sensibilität für die Inhalte entwickelt, weiß man auch: Weniger ist manchmal

mehr. Denn manche Menschen texten einen am Telefon zu. Dann ist es wirklich besser und effizienter, eine E-Mail zu schicken.

Knick in der Optik?

Kennen Sie Gesichtsmuskel-Mikado? Wer als Erster zuckt, hat verloren. Manch ein Möchtegern-Alphachef denkt, dass genau das zu den Schlüsselqualifikationen als Führungskraft gehört. Hilmar Kopper beispielsweise, der 1994 Vorstandssprecher der Deutschen Bank war, bezeichnete den Schaden, der den Handwerkern durch die Immobilienpleite von Jürgen Schneider entstanden war, als „Peanuts“. Mit unbewegter Miene. Er fügte damit dem Ansehen der Deutschen Bank erheblichen Schaden zu. Auch sich selbst. Hätte er diesen Satz körpersprachlich anders oder intensiver kommuniziert – sodass deutlich geworden wäre, dass er Bedauern oder Anteilnahme empfindet beziehungsweise Unterstützung signalisieren will –, wäre ihm dieser Satz mit Sicherheit nicht so derart übel genommen worden. Durch seine unbewegte Miene jedoch kam er einfach nur als kalter und zynischer Mensch rüber, der seine Schäfchen im Trockenen hat und dem das Schicksal der pleitegegangenen Handwerker so egal ist wie die Zukunft eines Sandkorns in der Wüste Gobi.

Auch Ferdinand Piëch kennt man als Mann mit versteinerter Miene und gequältem Lächeln. Der Aufsichtsratsvorsitzende der Volkswagen AG war und ist gefürchtet in seinem Unternehmen. Er gilt als technisch versiert, aber als menschlich schwierig. Durch seine unbewegten Gesichtszüge weiß man bei ihm nie, woran man ist oder was gleich passiert – man kann ihn einfach nicht einschätzen, fühlt sich dadurch im Umgang mit ihm verunsichert und haltlos. SAP-Chef Hasso

Plattner tritt da ganz anders auf, auch Reinhold Würth setzt seine Mimik als lebhaftes Ausdrucksmittel ein. Beide werden von ihren Mitarbeitern wertgeschätzt.

Auch bei den Wölfen ist die optische Kommunikation entscheidend – nicht nur in Jagd-, sondern auch in Alltagssituationen. Wölfe haben eine sehr differenzierte Mimik und Körperhaltung. Ihnen sehen die anderen Wölfe an, was sie wollen, nicht wollen, vorhaben und auch, wo ihre Grenzen sind. Empfindungen und Absichten werden optisch kommuniziert. Versteinerte Gesichtszüge oder ein Pokerface werden Sie bei Wölfen niemals finden. Auch keine verkrampfte Haltung, wenn ein Wolf einen anderen zum Spielen auffordert. Ein Wolf, dessen Maul weit geöffnet ist, dessen Ohren zurückgelegt sind und der die Zähne bleckt, signalisiert maximale Verteidigungsbereitschaft. Je weiter er die Ohren nach hinten legt, und je länger die Mundwinkel sind, desto größer ist seine Angst. Sind zwei Wölfe in Positionsrangeleien verwickelt und bietet der Unterlegene dem anderen seinen Hals dar, verringert sich sofort die Aggression, und die Intensität der Auseinandersetzung lässt nach.

Ihre Fähigkeit zur optischen Kommunikation hilft den Wölfen auch bei der Jagd: Sie nehmen die Signale wahr, die ihre Beute aussendet. Wenn ein Beutetier munter hin und her läuft, wissen sie: Da ist nichts zu holen. Sendet ein Beutetier jedoch Signale der Schwäche aus, wissen sie sofort: Nichts wie hin! Und weil die Spannung im Körper des einen Wolfes steigt, der das entdeckt hat und dann schnell dem Beutetier hinterhersetzt, registrieren das auch die anderen Wölfe und eilen ihm zu Hilfe.

Die Fähigkeit zur optischen Kommunikation ist bei vielen Führungskräften unterentwickelt. Dabei leistet sie wirklich gute Dienste. Eine Führungskraft versuchte beispielsweise, in Ruhe an einer Präsentation zu arbeiten. Da seine Tür jedoch offen stand, schneiten Hinz und Kunz bei ihm herein, fragten ihn dies und jenes, einmal lehnten sogar zwei Mitarbeiter eine ganze Weile im Türrahmen und plauderten über irgendwelche Nichtigkeiten. Die Führungskraft hatte ihre Alphalektion nur zur Hälfte gelernt: Klar signalisierte diese offene Tür, dass er da war, ansprechbar für die Belange seiner Leute. Aber da sie das immer war, hatte dieses Signal seine Bedeutung verloren. Sobald dieser Chef ein echter Alphachef geworden ist, schließt er seine Tür genau dann, wenn er seine Ruhe braucht.

Grüne Gesichter

Nicht nur bei Wölfen, sondern auch bei den Menschen vermischen sich die unterschiedlichen Kommunikationsebenen. Und Wölfe wie Menschen haben die Fähigkeit, auf einen Kommunikationskanal zu verzichten und dafür dann einen anderen verstärkt zu nutzen. Kann man gerade nicht reden, weil man in einer Verhandlung sitzt, verständigt man sich über Blicke. Kann man sich nicht sehen, verständigt man sich über die Stimme. Blinde Menschen können oft deutlich überdurchschnittlich gut fühlen und hören. Multikulturelle Teams auf Baustellen kommunizieren oft sehr effektiv per Mimik, Gestik und Zeichensprache. Es gibt viele Wege und Möglichkeiten.

Für Sie als Alphaführungskraft ist es eine Pflichtübung, sich mit den unterschiedlichen Kommunikationsarten und -wegen intensiv zu beschäftigen. Sie müssen sich sensibilisieren für die unterschiedlichen Signale, die Ihre Mitarbeiter aussenden. Oder vielmehr: Sie müssen sensibel werden für die Widersprüche zwischen den akustischen, optischen und taktilen

Signalen, die ein Mensch aussendet. Wenn Sie nur auf die Worte hören: „Ja, mit der Präsentation für nächsten Dienstag ist alles in Ordnung. Kein Problem“, glauben Sie das dann? Obwohl Ihr Mitarbeiter mit grünem Gesicht vor Ihnen steht? Tiefe Ringe unter den Augen hat? Die Hände nervös knetet? Und seine Stimme irgendwie komisch klingt?

Als Alphachef registrieren Sie genau die Diskrepanz zwischen Worten und Körperhaltung. Sie fragen sich, woher sie wohl kommt. Und dann fällt Ihnen ein: „Stimmt, dieser Mitarbeiter hat erst vor ein paar Wochen hier angefangen und sich ganz neu in das Thema eingearbeitet. Außerdem muss er die Präsentation selbst halten, vor dem Finanzvorstand des Konzerns, den er nicht kennt, und dann auch noch alles auf Englisch! Klar, dass er leicht grün um die Nase schimmert!“ Und dann gehen Sie auf den Mitarbeiter zu, der sich da wie ein Häufchen Elend am Türrahmen Ihres Büros festhält, klopfen ihm ein bisschen auf die Schulter, schieben ihn sanft in Ihr Büro, schließen die Tür, sagen zu ihm: „Na, dann los, Maier, zeigen Sie mal, wie Sie sich das vorgestellt haben. Wir machen jetzt eine Generalprobe!“, und alles wird gut.

11
Teams
Warum jeder Wolf tun darf, was er am besten kann

Wolfsrudel sind perfekte Teams. Unschlagbar. Jeder Wolf macht das, was er am besten kann. Und alle ergänzen sich in ihren Fähigkeiten so, dass es nirgendwo klemmt, nirgendwo läuft es unrund. Sie finden definitiv kein Wolfsrudel, wo es immer an derselben Stelle stockt oder nie irgendetwas zu einem Abschluss kommt.

Ein Wolfsrudel, das nur aus Ausdauerspezialisten besteht, ist undenkbar. Denn zwar würde ein solches Rudel wohl öfter als andere seine Beutetiere stellen, aber keiner der Wölfe wäre der Spezialist für das Anspringen und Töten der Beute. Und so würden zu viele Beutetiere im letzten Moment doch noch entwischen. Und außerdem fehlten die Beobachter, die im Getümmel den Überblick bewahren und Situationen treffsicher einschätzen könnten.

Oder ein Rudel, das nur aus Beobachtern besteht? Das geht genauso wenig. Wenn es in einem Wolfsrudel nur gleiche Rollen gibt und alle Wölfe entweder die Rolle des initiierenden Alphas übernehmen wollen oder nur sprintstark sind, aber nicht ausdauernd, kann die Jagd nichts anderes als ein Misserfolg werden.

Es kommt auf die Unterschiedlichkeit der verschiedenen Rollen an, die aber in ihrer Ergänzung ein abgestimmtes, rundes

Ganzes bilden. Dieses abgestimmte und runde Ganze besteht bei Wölfen auf der Jagd aus diesen Rollen: Leittier, Treiber (sie treiben ein Beutetier vor sich her), Blocker (sie schneiden der Beute im richtigen Moment den Weg ab), Sprinter (stößt im entscheidenden Augenblick zu und tötet auch oftmals die Beute), Beobachter (wie im letzten Kapitel Betawolf und Fähe 3 auf der Anhöhe).

Die Aufgaben des Alphas sind: Er gibt ein Ziel vor, eine Richtung, und richtet das Rudel auf dieses Ziel hin aus. Er hält das Rudel im Inneren zusammen. Er hat eine starke Vorbildfunktion. Um sie auszuüben, ist er immer mitten unter den Rudelmitgliedern, beteiligt sich aktiv, um das Ganze zu steuern. Bei der Jagd zeichnet einen guten Alpha aus, dass er zielstrebig und hartnäckig agiert, aber den richtigen Moment erkennt, in dem er nachgeben oder sogar aufgeben muss – weil der Einsatz zu hoch wäre und das Rudel Schaden nehmen würde.

Der Alpha nimmt sein Umfeld und seine Umwelt sehr intensiv wahr, sich ändernde Bedingungen erkennt er sofort und nutzt sie zu seinem Vorteil. Sieht er beispielsweise, dass ein See zugefroren ist, hetzt er die Beute aufs Eis – auf dem glatten Untergrund können sich Huftiere, die oft die Beute der Wölfe sind, wesentlich schlechter verteidigen. Der Alpha erkennt Chancen und Risiken schnell und kommuniziert sie an die anderen Wölfe. Den Kontakt zu ihnen hält er über visuelle Kommunikation. Der Alpha ist der Dreh- und Angelpunkt der Kommunikation, das Zentrum. Die anderen Wölfe sind auf ihn ausgerichtet, und er stimmt die anderen untereinander ab, indem er sie mit den richtigen Informationen versorgt. Dabei setzt er seinen Bewegungsapparat als Kommunikationsmittel ein. Die Wölfe des Rudels orientieren sich an ihm: Hält er inne, stoppen die anderen auch. Schwenkt er um und verfolgt

ein anderes Beutetier, folgen ihm die anderen. Das muss aber nicht immer so sein: Teilweise orientiert sich der Leitwolf auch am Rudel, indem er innehält und schaut, was die anderen Wölfe machen, ob sie noch bei Kräften sind und sein Tempo mithalten können oder ob sie schon erschöpft sind.

Aufgabe der Treiber ist es, die Beutetiere in Bewegung zu bringen. Sie erkennen, welches der Tiere eine lohnende Beute ist, weil es vielleicht geschwächt oder aufgrund seiner Jugend noch nicht so kraftvoll ist. Haben sie ein solches Tier beispielsweise in einer Herde Karibus ausgemacht, treiben sie es lange und sehr ausdauernd vor sich her. Deswegen sind die Treiberwölfe sehr konditionsstark, belastbar und verfügen über eine sehr hohe Fitness. Sie sind die „Wölfe fürs Grobe“, eher etwas unbeholfen, manchmal auch träge, nicht sehr beweglich. Ihr Agieren ist weniger taktisch geprägt, sondern von etwas stoischer Verfolgung ihrer Aufgaben gekennzeichnet. Sie bleiben dran. Und sind generell in Aktion.

Der Sprinter wiederum hat zunächst eine eher beobachtende, mitlaufende Rolle, bevor er dann im richtigen Moment pfeilschnell in eine Herde hineinstößt oder das Beutetier anspringt und durch den tödlichen Biss in den Hals zu Fall bringt. Das tut er jedoch meistens nicht allein, denn oft kommen ihm zwei oder drei andere Wölfe zu Hilfe, meist auch der Alpha. Der Sprinter ist der Wolf für die „Aktivitätsspitze“, denn er bringt genau im entscheidenden Moment Spitzenleistung. Er kann sehr schnell die Richtung wechseln, ist extrem beweglich und geschickt und kann sich kurzfristig neuen oder veränderten Situationen anpassen.

Die Beobachter-Wölfe registrieren ihr Umfeld genau. Veränderungen nehmen sie schnell wahr, reagieren hochflexibel zum genau richtigen Zeitpunkt – indem sie zum Beispiel einem

Beutetier hinterherhetzen, das den anderen bisher entgangen war, weil sie mitten im Geschehen waren. Sie geben dabei ein Signal an alle anderen Wölfe. Sie brauchen viel Erfahrung, um zu erkennen, ob ein Beutetier tatsächlich geschwächt ist.

Die Wölfe, die die Rolle eines Blockers besetzen, müssen ebenfalls sehr erfahren sein, denn ihre Aufgabe ist es, Situationen treffsicher im Voraus zu beurteilen: Was macht das Beutetier als Nächstes? Wohin wird es flüchten? Wie wird sich die Situation dann gestalten? Nur wenn sie das richtig einschätzen, können sie ihre Rolle gut ausfüllen. Sich einem Beutetier lediglich in den Weg zu werfen, reicht dabei nicht. Sie müssen auch antizipieren können, was die beste Stelle ist, um das Beutetier zu stellen. Sie müssen sich beispielsweise das Gelände zunutze machen, um zu verhindern, dass das Beutetier seine Flucht einfach in einer anderen Richtung fortsetzt.

Die Grenzen der wölfischen Rollen sind fließend und nicht kategorisch festgelegt. Auch kann ein Wolf durchaus mehrere Rollen in sich vereinen. So sind die Rollenbilder des Sprinters und des Beobachters oft in einem Wolf vereinigt, ebenso die Rollen des Treibers und des Blockers. Die Wahrscheinlichkeit, dass bei jeder Jagd alle Rollen ausgefüllt werden, ist gering. Ebenso wechseln sich die Wölfe in der Ausübung ihrer Rollen auch ab: Sonst bekäme der Nachwuchs keine Chance, bestimmte Rollen zu trainieren und in sie hineinzuwachsen. Wenn die jungen Wölfe erstmals Aufgaben bei der Jagd übernehmen, tun sie dies meist als Treiber, zusammen mit mehreren anderen Wölfen. Um gleich als Sprinter zu agieren, fehlt ihnen noch die Erfahrung. Die Treiberrolle ist also eine typische und natürliche Anfängerrolle, denn dort werden die am wenigsten komplexen Fähigkeiten erfordert. Durch das Beobachtungslernen wachsen die jungen Wölfe dann nach und nach in andere Rollen hinein.

Wertschätzung statt „Rankism“

Kennen Sie das auch, dass in Unternehmen unglaublich ausgeprägte Hackordnungen bestehen? Dass die Angehörigen einer Hierarchieebene sich immer viel wichtiger fühlen als die Mitarbeiter der Hierarchiestufe unter sich? Und das auch so richtig raushängen lassen?

Warum herrscht in Unternehmen so oft die Gepflogenheit, Rollen zu bewerten und andere Rollen als die eigene als minderwertig abzustempeln? Der Grund dafür liegt zunächst in jenem Phänomen, das der US-Soziologe Robert W. Fuller „Rankism“ nennt: Um den eigenen Status zu betonen und ein eigenes schwaches, kleines Ego aufzuwerten, werten Menschen erst einmal ihre Mitmenschen ab. Das hilft im ersten Moment, wenn man sich aus irgendwelchen Gründen minderwertig fühlt. Daneben sind es meist fehlende Kenntnisse der Aufgaben und Anforderungen jeder einzelnen Rolle, die dazu führen, dass man eine andere Rolle oder einen Rollenträger schlecht macht. Darum ist es wichtig, auch mal eine Strecke des Weges in den Schuhen eines anderen zurückzulegen. Danach wird die Beurteilung der Rolle und auch der Person eine andere sein. Um ein Team zu einem Erfolg zu führen, tut ein Alphachef vor allem eins: Er zeigt jeder einzelnen Rolle und jedem Rollenträger seine Wertschätzung, vom Pförtner bis zum Aufsichtsratsvorsitzenden.

In Teams gibt es ganz ähnliche Rollen wie in einem Wolfsrudel: Es braucht einen, der die Aktivitäten anstößt und auslöst. Es braucht einen, der die Dinge akribisch und ausdauernd verfolgt, an den Aufgaben dranbleibt. Dann braucht es die, die im richtigen Moment zur Stelle sind, neue Ideen haben, neue Konzepte, neue Kontakte bieten und sich dann wieder aus dem Team zurückziehen. Und es braucht einen, der alles zusammenhält, auf eine freundliche Art und Weise.

Zur Zusammensetzung von erfolgreichen Teams haben sich viele Menschen Gedanken gemacht und auch viele Modelle dazu entworfen. Es gibt beispielsweise das DISG-Modell, das in den 60er-Jahren von W. M. Marston und John Geier in den USA entwickelt und in der Folge von mehreren Autoren erweitert und verfeinert wurde. In Deutschland ist dieses Modell stark mit den Namen Friedbert Gay und Lothar Seiwert verbunden. Es geht davon aus, dass Menschen entweder introvertiert oder extrovertiert sowie menschen- oder sachorientiert agieren. Aus diesen Gegensatzpaaren lassen sich vier Typen bilden: dominanter Typ (extrovertiert und sachbezogen, mit hoher Willens- und Entscheidungsstärke, durchsetzungsfähig und direkt), initiativer Typ (extrovertiert und beziehungsorientiert, kreativ, engagiert, begeisterungsfähig), stetiger Typ (introvertiert und beziehungsorientiert, hilfsbereit, nähe- und sicherheitsbedürftig) und gewissenhafter Typ (introvertiert und sachorientiert, strebt nach Perfektion und Logik, hinterfragt kritisch).

Folgende Rollenbeschreibungen verdeutlichen die Parallelen zwischen den Rollen im Wolfsrudel und den wichtigen und wünschenswerten Rollen in einem Team.

Teamrolle Alpha: Eher nicht auf der Couch anzutreffen

Der Alpha ist selbst aktiv und löst Aktivitäten bei anderen aus. Er delegiert Aufgaben, denn nur dann kann er sich wieder um neue Aktivitäten kümmern. Er hat die Befugnis, bestimmte Dinge wie die Erfüllung von Aufgaben zu kontrollieren. Als Beispiel dafür kann man sich einen Partner in einer Personalberatung vorstellen, der innerhalb kürzester Zeit ein Beratungsunternehmen mit einem großen Netzwerk im Hintergrund aufgebaut hat. Er löst Aktivitäten aus und verteilt Aufgaben, um deren Details er sich aber nicht mehr kümmert beziehungsweise nur noch auf einem sehr groben Niveau. Seine Mitarbeiter kontrolliert er aber durchaus. Die Alpharolle ist jedoch mehr als nur eine Rolle. Die Merkmale dieser Rolle finden sich auch auf der persönlichen Ebene des Rollenträgers wieder. Oder anders gesagt: Dieser Mensch wird seinen Feierabend kaum als passiver DVD-Konsument mit der viel besungenen Flasche Bier auf der Couch verbringen. Oder zumindest nicht so oft. Solch ein Personalberater pflegt auch in seiner Freizeit vielfältige Kontakte, ist sehr aktiv, engagiert sich ehrenamtlich, ist immer auf der Suche nach etwas, das er bewegen und anstoßen kann. Er ist ein Initiator, ein Unternehmertyp.

Teamrolle Treiber: Die Mühen der Ebene

Treiber verfolgen akribisch die ihnen einmal anvertrauten Aufgaben, ergreifen nicht unbedingt die Initiative, bleiben aber dran, sobald eine Sache ins Rollen kommt. Sie laufen nicht jeder neuen Idee hinterher, sondern arbeiten konzentriert an ihrer Sache. Einmal aufs Gleis gesetzt, wickeln sie korrekt ihre Aufträge ab. Für die Bewältigung ihrer Aufgabe haben sie das nötige Fachwissen und agieren damit sicher und zielstrebig. Sie haben eine gewisse Ruhe und lassen sich nicht leicht ablenken. Manchmal bremsen sie aufgrund ihrer stoischen Ruhe die anderen im Team ein bisschen aus – obwohl sie die Umsetzer sind, die eine grobe Idee in Aktivitäten und Maßnahmen übersetzen. Sie stellen die Mehrheit in Teams. Sie sind Sachbearbeiter, Umsetzer, Produktionsarbeiter. Sie ertragen die Mühen der Ebene – wofür der Alpha zu ungeduldig und der Sprinter zu ablenkbar ist.

Oft wird die Rolle unterschätzt, da der Rollenträger eher behäbiger Natur ist. Dennoch ist diese Rolle das Rückgrat eines jeden Teams, eines jeden Unternehmens. Ohne Umsetzer funktioniert ein Unternehmen nicht. Es funktioniert noch eher ohne Chef – zumindest eine Zeit lang – als ohne Umsetzer. Nur mit guten Ideen oder nur mit der Delegation von Aufgaben kommt man nicht weit, wenn keiner da ist, der die genialen Ideen umsetzt oder die delegierten Aufgaben übernimmt. Leider bringt diese Rolle nicht das entsprechende Prestige.

Was braucht der „Treiber", damit er sich wohlfühlt? In erster Linie die Wertschätzung seiner Position. Die zeigt ein Alpha ihm, indem er auf ihn zugeht, ihn einbindet, gerade in ruhigen Zeiten. Wenn es hoch hergeht, ist das eher schwierig. In dieser Rolle können Jüngere, Unerfahrene leicht einsteigen, Erfahrungen sammeln und in andere Rollen hineinwachsen. Haben sie dort ihre ersten Erfahrungen gemacht, wird sich entscheiden, ob aus einem Youngster ein Sprinter oder ein Blocker oder ein Beobachter wird oder ob er besser ein Treiber bleibt. Alle in einem Unternehmen sollten diese Rolle ausgefüllt und am eigenen Leib erfahren haben, wie das Rückgrat des Unternehmens aussieht, das diese Rollenträger bilden. Alle sollten wissen, wie sich diese Rolle mit ihren ganz speziellen Anforderungen anfühlt.

Teamrolle Sprinter: Schnell am Start

Ein Sprinter braucht ein hohes Maß an geistiger Beweglichkeit – sonst sind ihm die schnellen Kurskorrekturen nicht möglich, die Bestandteil seiner Rolle sind. Er ist ein Ideengeber, ein kreativer Kopf und immer schnell mit Lösungen zur Stelle. Geistig wie körperlich ist er flink und flexibel. Er erkennt rasch die Chancen, die sich ihm und dem Unternehmen bieten. Dieser Rollenträger dürfte eher im Bereich Marketing zu finden sein als im Controlling. Er erkennt neue Produkte und entwickelt Produktlinien. Auch im Vertrieb sind Sprinter zu finden und gut aufgehoben. Ein Sprinter hat immer die Fähigkeit, in unsicheren Umgebungen zu agieren, er tut dies schneller und in kürzeren Zeiträumen als der Treiber. Er ist ganz klar ein Frontmann.

Stellen Sie sich ein Unternehmen vor, das Anlagen herstellt. Sagen wir, im Bereich der Fördertechnik. Das Unternehmen hat wie viele andere auch damit zu kämpfen, dass es in seiner Zielgruppe nicht mehr viele kleine, eigenständige Unternehmen gibt, denen sie Anlagen verkaufen können, sondern überwiegend europa- oder sogar weltweit tätige Konzerne, zu denen die einst eigenständigen Unternehmen nun gehören.

Wenn nun ein Mitarbeiter aus dem Vertrieb sich mit einem Kunden zum Gespräch trifft, um miteinander über einen bestimmten Maschinen- oder Anlagentyp ins Geschäft zu kommen – dann muss er mitunter blitzschnell reagieren können. Zum Beispiel wenn der Kunde überraschende Argumente aufführt, um den Preis zu drücken, wenn er Andeutungen macht, dass er in bestimmten Punkten unzufrieden ist, oder wenn im Gespräch ein ganz neuer Bedarf auftaucht, der eine andere Konfiguration der Anlage erfordert oder vielleicht gar eine weitere Anlage an einem anderen Standort zur Debatte stünde. Erkennt der Vertriebsmitarbeiter in solchen Situationen nicht auf Anhieb die verborgenen Risiken und Chancen, dann ist er kein Sprinter und in dieser Rolle eine Fehlbesetzung. Ein echter Sprinter geht niemals nach Schema F vor, sondern erkennt sofort, wann eine Stimmung umschlägt und ein anderes Vorgehen gefragt ist.

Teamrolle Beobachter: Vom Frühstücksdirektor zum Sparringspartner

Er hat eine innere Distanz zu den Dingen, die im Unternehmen passieren. Er ist kritisch und geht strategisch vor. Er bewertet Aktivitäten des Teams, analysiert sie, hinterfragt sie. Er überprüft, ob das, was andere eingeleitet und umgesetzt haben, auch erfolgreich war. Und schreitet im richtigen Moment ein. Seine nüchterne Beurteilungskraft ist gefragt. Er ist Aufsichtsrat, Seniorpartner oder Inhaber. Da er von außen auf die Dinge schaut, kann er sie besser und objektiver einschätzen. Ein Unternehmensberater oder auch ein Interimsmanager (der Dinge operativ umsetzt, aber einen gewissen Abstand hat) würden nach diesem Schema einer Mischung aus Beobachter und Sprinter entsprechen.

Aufsichtsräte wurden früher gerne als Frühstücksdirektoren verspottet. Entsprechend schlecht war und ist immer noch ihr Image: Ihre fürstlichen Honorare bekommen sie angeblich fürs Nichtstun, und ihren eigentlichen Job – die Kontrolle der Geschäftsführung – kriegen sie nicht gebacken. Was man bei jeder spektakulären Pleite immer schön sehen kann und sich daraufhin wunderbar in diesem Weltbild bestätigt fühlt. Da fragt man sich in der Tat oft: Was machen die eigentlich den ganzen Tag?

Die Tatsache, dass die Bundesregierung eine eigene „Regierungskommission Deutscher Corporate Governance Kodex" gebildet hat, die mit der Erarbeitung eines Regelwerks beauftragt wurde, das Verhaltensempfehlungen für eine gute Corporate Governance – gute Unternehmensleitung und -überwachung – enthält, zeigt eines: Das Vertrauen in deutsche Unternehmensführung war und ist ziemlich ramponiert: Sonst hätte es einer solchen Maßnahme ja nicht bedurft. Seit August

2002 ist also der Deutsche Corporate Governance Kodex in Kraft. Er soll das Vertrauen der Investoren und Aktionäre in die deutschen Unternehmen und in den Kapitalmarkt stärken, indem Transparenz sichergestellt wird und auch die Unabhängigkeit der Aufsichtsräte. Außerdem will der Deutsche Corporate Governance Kodex den Unternehmen selbst Normen und Werte für eine gute Unternehmensführung an die Hand geben und auch den Investoren und Aktionären ein Schema zur Bewertung der Unternehmensführung bieten. Dieser Regierungskommission gehören prominente Größen der deutschen Wirtschaft an wie Wendelin Wiedeking, Rolf-Ernst Breuer, Gerhard Cromme oder Paul Achleitner.

Das hört sich alles schön und gut an. Ist aber nicht viel mehr als Augenwischerei. Denn die Empfehlungen und Anregungen sind nicht verbindlich, sondern deren Befolgung ist freiwillig. Mittlerweile hat sich aber in vielen, vor allem kleineren und neu gegründeten Unternehmen die Rolle und damit auch das Image von Aufsichtsräten geändert – weg vom Frühstücksdirektor hin zum Sparringspartner, weg vom Kontrolleur hin zum Berater. Gerade junge Unternehmen suchen sich gezielt Aufsichtsräte, die ihnen mehr bieten als bloße körperliche Anwesenheit zu den obligatorischen vier Sitzungen im Jahr. Ihnen ist wichtig, dass ein Aufsichtsrat Branchenerfahrung hat, dass er gute Beziehungen und ein tragfähiges Netzwerk hat, dass er dem Unternehmen eine gewisse Öffentlichkeit verschafft und dass er ein guter Berater ist, der auch bei strategischen Entscheidungen der Geschäftsleitung zur Seite steht.

Das birgt natürlich die Gefahr, dass er die Distanz zum Unternehmen verliert und nicht mehr unbefangen urteilen kann. Einerseits. Auf der anderen Seite: Wie soll der Vorstand seine Entscheidungen transparent machen und kommunizieren, wenn er den Aufsichtsrat nicht mit einbindet? Und wie sonst soll er von der Expertise des Aufsichtsrats profitieren, wenn er ihn nicht gezielt für bestimmte Dinge engagiert?

Ein Unternehmer verfolgte mit der Besetzung des Aufsichtsrats noch ein ganz anderes Ziel: Da er das Familienunternehmen irgendwann seinen Kindern übergeben will, beschloss er, seinen Sohn und seine Tochter zu Aufsichtsräten zu machen. So stellte er sicher, dass diese beiden sich mit den strategischen Entscheidungen der Geschäftsleitung auseinandersetzen, viel über die Philosophie des Unternehmens lernen und eine Bindung dazu aufbauen. Die aber nicht darauf basiert, dass sie sich in der Rolle des Shareholders befinden und das Unternehmen in erster Linie als Kuh sehen, die gemolken werden kann. Sondern auf echtem Interesse, Solidarität und Engagement.

Teamrolle Blocker: Bremser, Bedenkenträger oder doch Bewahrer?

Diese Rolle sollte in diesem Kontext in „der Bewahrer" umbenannt werden. Der wölfische Blocker sorgt dafür, dass die Beute nicht entwischt. Der Bewahrer im Unternehmen sorgt dafür, dass der Kunde nicht wegläuft. Er ist der Wahrer der Bestandskunden. Und verhindert vielleicht als Key-Account-Manager, dass die Kunden zur Konkurrenz überlaufen.

Ist Ihnen auch schon einmal aufgefallen, dass Unternehmen, die auf die Gewinnung von Neukunden ausgerichtet sind, ineffizienter agieren als die, die ihre Bestandskunden erhalten? Klar: Die Neukundengewinnung ist um ein Vielfaches aufwendiger als die Sicherung der alten Kunden. E-Plus macht dies seit 2005 so. Teil der Geschäftsstrategie von E-Plus ist es, das Angebot auf besonders häufig nachgefragte Dienste zu konzentrieren, die dann zu vergleichsweise niedrigen Preisen verkauft werden. Neue Produkte bietet es erst mit Verzögerung an, und zwar dann, wenn die Konkurrenz damit Erfolg hat und es sich abzeichnet, dass sich entsprechende Investitionen rentieren. Im Klartext: E-Plus positionierte sich als Billiganbieter im Bereich der Privattelefonie und hat damit alle bestehenden Geschäftskunden vergrault.

Ein schwerer Fehler – nicht unbedingt für die Geschäftszahlen, sondern eher für das Image und für die langfristigen Perspektiven. Geschäftskunden sind ertragreicher und beständiger als Privatkunden. Und pro Geschäftskunde, den man ziehen lässt, muss man drei Neukunden akquirieren, um auf denselben Umsatz zu kommen. Wenn man als Premiumanbieter in einem Markt positioniert ist und sich dann auf das Billigsegment konzentriert, ist das immer ein Risiko und meistens schlecht fürs Geschäft.

In einem Team ist es sehr wichtig, den Bewahrern Aufmerksamkeit zu schenken. Oft nimmt man sie als Bremser und Bedenkenträger wahr. Wenn jedoch Sprinter und Bewahrer in einem Team so aufgestellt sind, dass sie sich gegenseitig ausbalancieren, kann das positiv gewendet werden. Vielleicht hilft Ihnen folgendes Bild dabei, diesen Gedankengang nachzuvollziehen: Wenn Sie in einem Haus ein neues Fenster einbauen und dafür das alte rausnehmen, führt das in der Regel nicht zu dessen Einsturz. Wenn Sie einem Haus jedoch das Fundament abgraben, weil sie ein neues brauchen, dagegen schon. Die Bewahrer kümmern sich also darum, dass dem Unternehmenshaus nicht das Fundament entzogen wird.

Nehmen Sie als weiteres Beispiel die Diversifizierung, die der Daimler-Konzern betrieben hatte. Vom Premiumautomobil bis zum günstigen Kleinstwagen, von Luftfahrt- über Lkw-Technik bis hin zu Finanzdienstleistungen gehörte so

allerlei zum Portfolio, das in den 80er-Jahren unter Jürgen Schrempp extrem ausgeweitet worden war: Eine „World AG" war das Ziel. Schon damals gab es Bewahrer, die zur Vorsicht mahnten. Heute gibt der Vorstandsvorsitzende Dieter Zetsche wieder die Devise vor: zurück zur Kernkompetenz. Jetzt wird sich der – nach der Trennung von Chrysler verschlankte – Konzern wieder auf die Herstellung und den Verkauf von Premiumautomobilen konzentrieren. Sehr weise. Denn die Verkaufszahlen bei den Mercedes-Oberklassemodellen hatten bereits stark abgenommen. Stattdessen war man ins untere Marktsegment gegangen. Dabei sind die Oberklassemodelle von der Rentabilität her die ertragreichsten.

Ein ähnliches Beispiel für die Macht der Bewahrer in einem Unternehmen ist Trigema, der größte T-Shirt-, Sweat-Shirt- und Tennis-Bekleidungshersteller Deutschlands. Dort bewahrte man sich beispielsweise die Produktionsstandorte in Deutschland. Alle Textilfirmen gingen ins Ausland, in den Osten, in die Billiglohnländer, um dort billige Ware zu produzieren. Trigema blieb. Inhaber Wolfgang Grupp widerstand allen Versuchungen und bewahrte die Tradition. Weil er sich verantwortlich fühlte für die Menschen, die für ihn arbeiteten. Und so produziert seine Firma nach wie vor in Deutschland, auf der Schwäbischen Alb. Seit über 35 Jahren gibt es in den Trigema-Werken weder Kurzarbeit noch Entlassungen wegen Arbeitsmangel. Und allen Kindern der Mitarbeiter wird ein Ausbildungs- oder Arbeitsplatz im Unternehmen garantiert.

Auch bei der Privatbank Sal. Oppenheim sind die bewahrenden Kräfte stark, denn sie setzt seit jeher auf ihr Kerngeschäft: Bankdienstleistungen für eine ganz spezielle, zahlungskräftige Klientel. Ambitionen auf den Massenmarkt mit Geldautomaten in der Fußgängerzone verspürt hier offenbar keiner. Und der Erfolg gibt ihnen recht: Sal. Oppenheim ist die größte deutsche Privatbank und die größte europäische Bank in Familienbesitz.

Solidarische Augenhöhe

Für das Funktionieren von Teams – bei den Wölfen wie innerhalb der Unternehmen – ist Solidarität unabdingbar. Bei Rangordnungskämpfen passt diese Analogie allerdings nicht immer. In einem Wolfsrudel haben diese Kämpfe ihren Sinn und ihren Platz. Eine menschliche Gesellschaft – und dazu gehören Teams in Unternehmen – muss dagegen kultiviert genug sein, diese Kämpfe zu erkennen und hinter sich zu lassen, wenn sie Erfolg haben will. Nur wenn alle auf gleicher Augenhöhe agieren und sich als das schätzen, was sie sind – unterschiedliche Teile einer schlagkräftigen Einheit, jedes an seinem Platz wertvoll und unverzichtbar –, wird das System am Ende davon profitieren.

12

Markt

Warum Wölfe ein Territorium beanspruchen

Sie erinnern sich an Fähe 2, die nach einer länger andauernden Auseinandersetzung mit der Alphawölfin gegen Ende des Sommers das Rudel verlassen hatte? Nachdem sie sich vom Kampf mit der Anführerin ihres einstigen Rudels erholt hatte, ging sie auf Wanderschaft. Sie musste eine neue Lebensgrundlage für sich suchen, einen Partner oder eine neue Familie, ein neues Territorium, in dem sie jagen konnte. Und so zog sie los, Richtung Süden. Wanderte viele Stunden und Kilometer pro Tag über mehrere Wochen hinweg.

Sie ernährte sich von kleinen Tieren, die sie zwischendurch fing: Mäuse, Hasen, hin und wieder einen Fisch. Einmal fand sie ein totes Elchkalb, dessen Aas sie fraß – oder zumindest das, was andere Aasfresser übrig gelassen hatten. Irgendwann kam sie in die Nähe einer von Menschen bewohnten Siedlung im Wald. Ihr Entsetzen war noch größer als das der Bewohner, die sie entdeckt hatten, und sie schlug eine andere Richtung ein.

Immer wieder stimmte sie ein einsames Heulen an. Manchmal bekam sie Antwort von einem in der Nähe lebenden Rudel und versuchte dann, Anschluss an dieses Rudel zu finden. Sie wurde jedoch immer wieder verjagt. Also zog sie weiter.

An einem klaren Herbstmorgen – Fähe 2 hatte die Nacht am Grund einer kleinen Schlucht zwischen Felsbrocken verbracht

– hörte sie wieder einmal eine Antwort auf ihr Heulen: Nicht weit entfernt stimmte ein anderer Wolf in ihren Gesang ein. Fast schüchtern, ohne erkennbare Regung in der Stimme.

Ob er alleine ist, wie sie? Oder zu einem Rudel gehört? Egal: Sie folgt erst einmal seinem Ruf. Die beiden finden sich schnell. Bleiben ein paar hundert Meter voneinander entfernt stehen. Stocksteif die Fähe, mit langsam hin- und herschwingender Rute der andere Wolf, ein Rüde, sehr jung, mager, mit langen Beinen. Er hat ein struppiges, sandfarbenes Fell, nur der Rücken ist etwas dunkler. Seine Brust ziert ein großer weißer Fleck. Die beiden mustern sich. Der Rüde kommt immer näher, langsam. Die Rute von Fähe 2 bewegt sich nun ebenfalls und signalisiert freundliche Wohlgesonnenheit. Irgendwann überwindet sie die Distanz zu dem Rüden, und die beiden beschnüffeln sich. Was die Fähe da riecht, scheint ihr zu gefallen, denn sie lädt den Rüden zu einem Spiel ein: Sie legt sich auf die ausgebreiteten Vorderbeine, den Hinterkörper und die Rute hat sie aber hoch erhoben. Mit großen Augen schaut sie den Rüden an – bevor sie auf einmal hopsende Sprünge zur Seite macht. Der Rüde geht sofort auf ihre Avancen ein und kurze Zeit später rennen die beiden in einer spielerischen Verfolgungsjagd über Stock und Stein.

Ein Jahr später: Fähe 2 und der sandfarbene Rüde sind zusammengeblieben und haben ein eigenes Rudel gegründet. Es besteht aus ihnen, den drei Welpen, die die Fähe in ihrem ersten gemeinsamen Frühjahr geboren hat, und einem weiteren juvenilen Rüden, der eines Tages aufgetaucht war, Anschluss gesucht hatte und vom Alphapaar gerne in den Familienverbund aufgenommen worden war. Das Rudel hat sein Territorium gefunden und besetzt – Zentrum ist die kleine Schlucht, in deren Nähe sich die Fähe 2 und ihr Gefährte das erste Mal getroffen hatten. In der Nähe lebt seit ein paar Monaten noch

ein anderes Rudel. Es ist größer als die Familie von Fähe 2, besteht wohl schon länger. Da sich die beiden Rudel oft an verschiedenen Stellen ihrer Reviere aufhalten und nicht permanent an der Grenze zum Gebiet des jeweils anderen Rudels patrouillieren, bekommen sie sich aber kaum zu Gesicht.

Seit einiger Zeit stellen jedoch Fähe 2 und der sandfarbene Rüde bei den Wanderungen durch ihr Revier fest, dass das andere Rudel immer wieder in ihr Revier vorrückte und auch Markierungen setzte – und zwar überwiegend in der Nähe von getöteten Beutetieren. Was Fähe 2 und ihre Familie erst nach und nach herausfinden: Das andere Rudel ist sehr groß. Es besteht aus elf erwachsenen und juvenilen Wölfen und mehreren, ewig hungrigen Welpen. Und die Nahrungsressourcen sind in diesem Gebiet knapp, eigentlich zu knapp für zwei Rudel. Fähe 2 und ihr Rudel beginnen, den vom anderen Rudel beanspruchten Teil des Reviers zu meiden. Sie verlagern ihre Aktivitäten überwiegend auf die Nacht. Und sie wechseln ständig ihren Aufenthaltsort. Die kleine Schlucht mit der Welpenhöhle suchen sie immer seltener auf. Sie wissen: Dem anderen Rudel wären sie zahlen- und kräftemäßig hoffnungslos unterlegen. Deswegen lassen sie sich auf keinerlei Auseinandersetzungen ein. Der Preis, den sie dafür zahlen müssten – vermutlich die Auslöschung ihrer jungen Familie – wäre um ein Vielfaches zu hoch.

Austarierte Größe

Der erste Schritt, um ein Territorium zu besetzen, ist immer die Bildung eines Rudels. Ein einzelner Wolf hat nicht die Kapazitäten, um ein bestimmtes Territorium für sich allein zu beanspruchen. Dass ein Territorium schon belegt ist, erkennt er an den Duftmarken, die das dort lebende Rudel an den

Reviergrenzen abgesetzt hat. Diese Grenzen werden immer wieder kontrolliert und überprüft, ob es Eindringlinge gegeben hat, die dort dreist selbst markiert haben und das Territorium so für sich beanspruchen. Treffen zwei Rudel aufeinander, gibt es oft blutige Kämpfe.

Wie groß so ein Revier ist, hängt stark von der Größe des Rudels ab und natürlich auch vom Beutetieraufkommen. Ein Wolfsrudel würde kein Revier beanspruchen, das größer ist als für sein Überleben nötig. Und genauso würde es sich nicht einen Teil seines Reviers von einem konkurrierenden Rudel abnehmen lassen, weil dann das Überleben des Rudels nicht mehr gesichert wäre. Außer, es ist deutlich schwächer und unterlegen. Dann weicht ein Rudel aus und verschiebt seinerseits die Reviergrenzen.

Die Größe des Reviers hängt aber auch davon ab, ob die Beutetierpopulation umher- oder sogar abwandert. Karibus ziehen im Winter Richtung Süden, beispielsweise. Dann ziehen auch die Wölfe hinterher. Und dann ist natürlich auch die Wahrscheinlichkeit höher, dass es in Konflikt mit anderen Wolfsrudeln gerät, die in dem jeweiligen Gebiet leben, durch das die Reise geht.

Wölfe versuchen immer, natürliche Deckung und Schutz im Gelände zu finden. Sie brauchen Hügel, Vegetation, Felsen. Auf einer freien Fläche würden sie kein Revier einrichten.

Auch ein USP: Lockere Sprüche

Wolfsrudel suchen und finden ihr Revier. Unternehmen suchen und finden ihren Markt – ihr „Jagdgebiet", innerhalb dessen sie ihre Geschäfte abwickeln. Wenn ein Unternehmen dann in das Marktgeschehen eingebunden ist, darf es nicht vergessen, dass dieses Jagdgebiet kein statisches Konstrukt ist, sondern sich mitunter dramatisch verändern kann. Vielleicht weil ein Konkurrent auf den Plan tritt, weil sich die Gewohnheiten oder Geldmittel der Kunden ändern oder weil technologische Umwälzungen auf einmal alles über den Haufen werfen. Je nach veränderten Umweltbedingungen können kleinere oder größere Anpassungen nötig sein. Ein Unternehmen muss seinen Markt also verteidigen, beeinflussen, eventuell auch wieder verlassen und einen neuen suchen. Das unterscheidet sich gar nicht so sehr von den Aktivitäten eines Wolfs bei der Reviersuche und -verteidigung. Alphachefs vergessen dabei niemals, die Sicht auf das große Ganze zu bewahren und grobe Rahmenbedingungen nicht aus dem Auge zu verlieren.

Schauen wir uns also die Marktsuche noch einmal genauer an: In der Nähe von Künzelsau, im Schwäbisch-Hohenlohischen, liegt ein Schwerpunkt der deutschen Ventilatorenindustrie. Dort gibt es auf kleinem Raum gleich mehrere große Unternehmen, die sich auf die Ventilatorentechnik spezialisiert haben, gegründet von Spezialisten mit immensem Know-how. „Fan Valley" wird die Region scherzhaft genannt.

Dieser sogenannte Cluster entstand historisch aus einem einzigen Unternehmen – durchaus typisch für solche regionalen Branchenkonzentrationen – nämlich aus der Firma Ziehl-Abegg, die sich nach dem Zweiten Weltkrieg in Künzelsau angesiedelt hatte. Ein Konstruktionsleiter der Firma, ein

Arbeitsvorbereitungsleiter und ein Vertriebsleiter machten sich nacheinander im Laufe der Jahrzehnte selbständig und bauten in unmittelbarer räumlicher Nähe zum ehemaligen Arbeitgeber eigene Firmen auf, die jeweils einen etwas anderen Teilmarkt der Branche fokussierten. Übrigens unterstützten die Eigentümer von Ziehl-Abegg diese Neugründungen ihrer ehemaligen Spitzenkräfte finanziell – anstatt sie zu bekämpfen. Und die neuen Firmen setzten diese Tradition zum Teil fort und förderten wiederum finanziell die Gründung von Zuliefererfirmen durch ehemalige Mitarbeiter.

Was haben gleichartige Unternehmen davon, wenn sie sich direkt vor die Nase der Konkurrenz setzen? Es gibt genau zwei Möglichkeiten: Entweder sie gehen tatsächlich in Konkurrenz zueinander – was wenig klug wäre. Oder sie profitieren gegenseitig von ihrem Know-how und ergänzen sich. Und genau das passierte im „Fan Valley" – es entstand ein eng vernetzter, sich in der Wertschöpfungskette ergänzender, starker Firmenverbund, der den Weltmarkt eroberte, heute über 10.000 Mitarbeiter weltweit beschäftigt und gemeinsam Milliardenumsätze erwirtschaftet.

Und was wäre passiert, wenn die Eigner von Ziehl-Abegg zu den Neugründungen ihrer abtrünnigen Topleute in Konkurrenz gegangen wären? Genau die gleichen Produkte und Dienstleistungen demselben Kundenkreis angeboten hätten? Sich ganz bewusst auf Streitereien mit dem direkten Wettbewerb eingelassen hätten? Wäre daraus eine ähnliche Erfolgsgeschichte entsprungen?

Wir können nur spekulieren. Aber vielleicht weiß die Natur, was der bessere Weg ist, schauen Sie nur auf die Wölfe: Das neu gegründete Rudel ist hier schlau. Es geht einer ohnehin aussichtslosen Sache aus dem Weg. Es vermeidet so nicht nur die Verschwendung seiner Energien: Es verhindert so vielmehr seine sichere Auslöschung. Es gibt sogar Theorien, die besagen, dass Wölfe nur aus diesem Grund relativ große Rudel bilden – um sich besser gegen konkurrierende Rudel durchsetzen zu können.

Und in der Wirtschaft? Ist ein Konflikt unter Firmen ein und derselben Branche nicht das Normalste und Alltäglichste auf der Welt? Das vielleicht schon. Aber nicht unbedingt nützlich für die Streitenden. Das lässt sich sehr gut auf einem Marktplatz beobachten, dem traditionellen Sandkastenmodell der Wirtschaft. Sie kennen bestimmt einen Wochenmarkt, der in Ihrer Nähe regelmäßig stattfindet. Wenn Sie in einer größeren Stadt leben, kommen Sie in den Genuss großer Märkte mit reichhaltiger Auswahl. Es gibt Fleisch, Fisch, Gewürze, Käse, Backwaren, alles, was das Herz begehrt. Und einen Gemüsestand nach dem anderen: Tomaten, Salat, Kartoffeln, Gurken, Äpfel, Erdbeeren, Spargel – hüben wie drüben, links wie rechts, vorne wie hinten. Beim einen sind die Äpfel ein bisschen teurer, beim anderen dafür die Gurken zwei Cent billiger. Aber bei keinem schmecken die Tomaten so gut wie an dem Stand, der immer links vom Marktbrunnen steht. Und der Gemüsemann, ganz hinten am Rathaus, das ist der, der immer so nette Sprüche klopft.

Sie merken schon, worauf ich hinauswill: Trotz mancher Gleichartigkeit kommt es darauf an, sich zu differenzieren. Sich an gewissen Punkten deutlich von der Konkurrenz abzuheben. Dann kann man nebeneinander seinen Geschäften nachgehen, ohne sich in die Quere zu kommen. Je differenzierter, je spezialisierter Sie sind und je deutlicher Ihr USP, desto weniger haben Sie von der Konkurrenz zu befürchten. Denn dann haben Sie es nicht nötig, sich dieser Konkurrenz ständig zu stellen und entsprechende Kämpfe auszutragen.

Deswegen patrouilliert ja auch ein Wolfsrudel nicht ständig an den Grenzen seines Territoriums auf und ab und passt auf, dass auch ja kein rudelfremder Wolf eine Pfote über die Grenze setzt. Sondern geht in seinem Revier seinen Geschäften nach und jagt Karibus oder Moschusochsen. Denn nur das sichert sein Überleben. Ständige Kämpfe mit anderen Rudeln dagegen nicht.

Ein Regal ist ein Regal ist ein Regal

Nachfolgend werden einige Unternehmen vorgestellt, die es geschafft haben, weitgehend konkurrenzlos zu agieren. Ein Maschinenbauunternehmen stellt Geräte her, die in der Bäckereitechnik zum Einsatz kommen. Das Unternehmen hat sich über die Jahre von einem kleinen Handwerksbetrieb zu einem beachtlichen Anlagenhersteller entwickelt. Und wächst seit Jahren stetig und unaufhaltsam, denn die Produkte sind technologisch auf dem neuesten Stand und unglaublich innovativ.

Und genau in diesem Innovationsvorsprung besteht auch das Geheimnis des Erfolges, den dieses Unternehmen erreicht hat: Die Mitarbeiter haben ein ausgeprägtes Spezialwissen. Sie sind nicht nur Ingenieure, Konstrukteure oder Facharbeiter, sondern wahre Teigtechnologen. Sie kommen alle aus dem Bäckereihandwerk und haben jahrelang mit der Materie zu tun gehabt, die auch ihre Kunden beschäftigt und mitunter quält. Daher wissen sie genau, worauf es bei ihren Kunden ankommt und können zielgerichtet agieren. Und nicht nur das: In dem Unternehmen gibt es eine extra „Teststrecke“ für die Maschinen und Anlagen. Da muss nicht der Kunde als Versuchskaninchen herhalten, wie das anderswo so oft der Fall ist, sondern da wird der Ernstfall gleich im Unternehmen durchexerziert.

Wer zu diesem Unternehmen in Konkurrenz geht, muss ziemlich ausgeschlafen sein. Ein eindeutiger USP sorgt hier dafür, dass die anderen auf Abstand bleiben. Inklusive der weltweiten Konkurrenz. Oder glauben Sie, dass ein Anlagenhersteller aus Fernost – und sei er noch so gewieft und günstig – irgendeinem süddeutschen Bäcker verkaufen könnte, dass er sich mit den Feinheiten, Abgründen und Empfindlichkeiten eines Brezelteigs auskennt? Ich nicht.

Ein anderes Unternehmen – die Tochterfirma eines Baukonzerns – stellt Putzmaschinen her und konstruiert ihre Produkte so, dass sie nicht so leicht kopiert werden können. Um die stark konturierten Freiformteile – aus denen die Putzmaschinen bestehen – nachzubauen, bräuchte man aufwendige Werkzeuge. Das stellt eine Art Kopierschutz dar, zumindest für Firmen in den Billiglohnländern.

Wenn man es dagegen so hält wie die deutsche Möbelindustrie, dann weiß man, dass direkte Konkurrenz ohne USP zu allem Möglichen führt, aber nicht zu einer stabilen Marktposition. Innovative Produkte finden Sie hier auch eher selten. Zugegeben: Bei Möbeln ist das schwierig. Ein Regal ist ein Regal ist ein Regal. Viel Spielraum bleibt da nicht. Und so sind die meisten Möbel in den Möbelhäusern austauschbare No-Name-Produkte. Die Hersteller müssen sich vom Handel die Preise diktieren lassen. Mit einer Ausnahme: Vielleicht ist Ihnen schon einmal aufgefallen, dass in irgendwelchen Prospekten mit Sonderangeboten großer Möbelhäuser Hülsta-Möbel immer ausgeschlossen sind, wenn es um pauschale Preisnachlässe geht? Hülsta hat ein ausgesprochen gutes Image. Dieses Unternehmen hat rechtzeitig erkannt, dass es seine Möbel als Marke zelebrieren muss. Hülsta ist eine starke Marke. Und in der starken Marke drückt sich die starke Marktposition des Unternehmens aus. Sie sind dadurch unangreifbar. Von

den Preiskämpfen des Massenmarktes muss dieser Möbelhersteller sich nicht aufreiben lassen.

Grandios gescheitert mit seinem starken Druck auf die Konkurrenz ist dagegen das amerikanische Einzelhandelsunternehmen Wal-Mart. Der Konzern ist das umsatzstärkste Einzelhandelsunternehmen der Welt. In Deutschland gelang es ihm jedoch nicht, den bereits am Markt agierenden Lebensmitteldiscountern die Kunden abzujagen. Er konnte sich keinen Wettbewerbsvorteil verschaffen. Auch wurde die Wal-Mart-Unternehmenskultur in Deutschland stark abgelehnt: Das Unternehmen schreibt sich zwar auf die Fahnen, dass es seine Arbeitnehmer gleichberechtigt behandelt. Die vielen Gerichtsurteile gegen den Konzern sprechen jedoch eine andere Sprache: 2005 wurde er zu insgesamt 172 Millionen Dollar Strafe verdonnert, weil er seinen Mitarbeitern eine halbstündige Mittagspause verwehrte. 78,5 Millionen Dollar musste er 2006 an seine Mitarbeiter bezahlen, die vorher zu unbezahlter Mehrarbeit gezwungen worden waren.

Derzeit sind noch weitere 40 Verfahren wegen Verstößen gegen das Arbeitsrecht anhängig, aber auch wegen sexueller Diskriminierung. Selbst die Menschenrechtsorganisation Human Rights Watch vermerkte in ihrem im Mai 2007 erschienenen Bericht: „Die gnadenlose Ausbeutung des schwachen Arbeitsrechts in den USA durch das Unternehmen Wal-Mart vereitelt die Gründung von Gewerkschaften und verletzt die Rechte seiner amerikanischen Arbeiter." Da konnte einem wirklich der Spaß am günstigen Einkauf vergehen. Wobei das deutsche Publikum vermutlich eher von der Tatsache geschockt war, dass sie ihre Lebensmittel an der Kasse von einem freundlich lächelnden Menschen eingepackt bekamen. Wie auch immer: Die Wal-Mart-Niederlassungen überlebten den Konkurrenzkampf auf dem deutschen Markt nicht: Nach acht Jahren

Geschäftstätigkeit verkaufte das Unternehmen im Sommer 2006 seine 85 Filialen an den Handelskonzern Metro, der damit seine Supermarktkette Real stärkte.

Manchmal rufen Unternehmen – oder vielmehr Unternehmer – die Konkurrenz auch selbst auf den Plan. So geschehen Anfang der 60er-Jahre in Italien. Ferruccio Lamborghini hatte eine Firma, die erfolgreich Traktoren, Brenner und Klimaanlagen herstellte. Er war ein leidenschaftlicher Sportwagenfahrer. Mit seinem Ferrari war er aber angeblich nicht ganz zufrieden und schlug Enzo Ferrari eine Konstruktionsverbesserung vor. Der reagierte empfindlich und sagte Lamborghini, dass dieser wohl mehr von Traktoren verstehe und deswegen sich besser um seinen eigenen Kram kümmere. Das stachelte lediglich Lamborghinis Ehrgeiz an. Er gründete 1962 sein Unternehmen Automobili Lamborghini und wählte als Symbol für die neue Marke einen Stier. Das war nicht nur sein Sternzeichen, sondern ein Symbol für immense Stärke, denn der dargestellte Stier war nicht irgendein Stier: Es war vielmehr Murciélago, ein Kampfstier, der in einem legendären Kampf 1879 trotz 24 Schwertstichen nicht aufgab, begnadigt wurde und überlebte. Lamborghini schaffte es tatsächlich, bessere und noch kompromisslosere Sportwagen zu bauen als Ferrari: Er präsentierte mit seinem ersten Modell einen gewaltigen Zwölfzylindermotor, um den herum ein wenig Auto – zwei Sitze und ein Lenkrad – gebaut worden war. Der Name dieses Paukenschlags: Lamborghini Miura.

Damals punkteten Lamborghinis wie Ferraris mit starken Motoren und schönen Karosserien. Fehlende Rostvorsorge, katastrophale Elektrik und schlechte Verarbeitungsqualität machten die Sportwagen beider Fabrikate dennoch zu schlecht funktionierenden und empfindlichen Exoten. Erst seit der Übernahme durch Fiat (das heute die Ferraris baut) beziehungsweise Volkswagen (das heute die Lamborghinis herstellt) hat sich die Qualität schlagartig verbessert. Das ändert aber nichts an der Tatsache, dass diese beide Marken bis heute direkte Konkurrenten sind – technisch vergleichbar, vom Image her vergleichbar, in jeder Hinsicht auf Augenhöhe – und sich gegenseitig die Kundschaft abgraben.

Liebeskummer lohnt sich doch!

Dass Unternehmen sich also auf Biegen und Brechen in einen Konkurrenzkampf begeben, ist eine eher suboptimale Idee. Das kostet zu viel positive Energie und produziert zu viel negative. Am Ende schluckt das eine das andere oder ein Unternehmen geht ganz unter, Marken und Images erleiden Schaden. Der Preis, den alle bezahlen müssen, materiell und immateriell, ist auf alle Fälle zu hoch. Viel sinnvoller: Überlegen Sie als Alphachef, wie Sie und der Konkurrent sich ergänzen könnten.

Das tat Ende des 19. Jahrhunderts auch der junge Belgier Georges Nagelmackers. 1872 wurde er – 27-jährig, Sohn eines Bankiers – von seiner Familie in die USA geschickt, um eine unerfüllte Liebe zu überwinden. Dort reiste er mit den komfortablen und luxuriösen Pullman-Nachtreisezügen durch das Land – und war nicht nur begeistert, sondern ziemlich schnell von der Idee besessen, diese rollenden Grand Hotels auch in Europa auf die Schiene zu bringen. Seine Vision: bequeme Zugreisen über alle europäischen Ländergrenzen hinweg. Noch im gleichen Jahr gründete er mit Unterstützung des belgischen Königs sein erstes Unternehmen, die Compagnie Internationale des Wagons-Lits, und schickte die ersten Schlafwagenzüge zwischen Paris und Köln, Berlin und Ostende sowie Wien und München auf die Gleise.

Ein anderer Herr war aber bereits mit der gleichen Idee am Start: Der Amerikaner William Alton Mann betrieb Schlafwagenzüge in Großbritannien und auch auf dem europäischen Festland. Das verdross Georges Nagelmackers aber nur kurzfristig. Er war gewitzt genug, den Konkurrenten mit ins Boot zu holen – oder sich ihm anzuschließen, je nach Perspektive. Das daraus entsprungene Unternehmen hieß „Mann Boudoir Sleeping Car Company", sein Direktor hieß ab 1875 Georges Nagelmackers. Anscheinend hatte Mann der geballten Charme-Offensive Nagelmackers irgendwann nicht mehr viel entgegenzusetzen und zog sich ein Jahr später aus dem Unternehmen zurück. Nagelmackers kaufte sein Unternehmen wieder aus, übernahm den Wagenpark und setzte den ursprünglichen Firmennamen wieder in Kraft. Seine Vision setzte er Schritt für Schritt um, und 1883 fuhr der erste durchgängige Zug von Paris nach Konstantinopel – der Orient-Express, der zu einer Legende werden sollte. Wozu Liebeskummer nicht alles gut ist!

Georges Nagelmackers tat etwas, das er sich auch von Wölfen abgeschaut haben könnte: Statt sich auf einen Konkurrenzkampf einzulassen, holte er sich Unterstützung ins Haus. Das tun Wolfsrudel auch – wenn sie beispielsweise allein umherziehende Wölfe ins Rudel aufnehmen. Das gehört fast schon zum Alltag eines Wolfsrudels. Ein fremder Wolf wird aber nur aufgenommen, wenn er gebraucht wird – wenn er entweder Fähigkeiten hat, die das „Portfolio" des Rudels gut ergänzen. Oder wenn das Rudel gut Verstärkung gebrauchen kann, weil es noch zu klein ist. Es gibt sogar Beobachtungen, die belegen, dass kleinere Wolfsrudel sich zusammenschließen und zum Beispiel im Winter mit den Karibu-Herden Richtung Süden ziehen. Das verwundert eigentlich nicht weiter, wenn man sich vergegenwärtigt, dass es Rudel gibt, die in unmittelbar

aneinander grenzenden Territorien leben und miteinander verwandt sind.

Schluss mit der Contenance!

Hat ein Unternehmen erst einmal seinen Markt gefunden, auf dem es erfolgreich agieren kann, vergisst es oft schnell, dass nicht immer alles so schön gleichförmig dahinplätschert, wie man es gerne hätte. Märkte verändern sich, die Nachfrage verändert sich, das Einzige, was bleibt, ist die Bewegung. Auch Wölfe wissen das. Ihre Stärke besteht in der Schnelligkeit und in der Effizienz, mit der sie auf Veränderungen reagieren und sich daran anpassen: sei es nun, dass die Beutetierpopulation zurückgeht, sich der Jagdaufwand dadurch vergrößert – in Form verlängerter Strecken, die zurückgelegt werden müssen – und der Ertrag in keinem Verhältnis mehr zum Aufwand steht; sei es, dass sich die Reviergrenzen langsam verschieben, weil ein anderes Rudel das Terrain für sich beansprucht. Wölfe passen sich an. Anders könnten sie nicht überleben.

Einen Alphachef erkennt man also daran, dass er nicht von seiner Warte aus denkt, sondern von der des Marktes, sprich des Kunden. Und wenn die Kundschaft sich verändert – und bestehe diese Änderung auch nur darin, dass sie schlicht und ergreifend immer älter wird –, dann muss er reagieren. Wenn beispielsweise ein Handyhersteller trotz stagnierender Absatzzahlen nicht auf die demografischen Tatsachen reagiert und kein einziges Handymodell baut, das größere Displays und größere Tasten hat und für ältere Nutzer einfacher zu bedienen ist, dann weiß man: Der Chef hat nicht das Zeug zu einem Alphachef.

Und wenn der Chef eines Handyherstellers es nicht nur schafft, die Handymodelle zu bauen, die seine Kunden haben wollen, sondern vielmehr dafür sorgt, dass die Kunden genau die Modelle haben wollen, die das Unternehmen herstellt, dann können Sie sicher sein, dass es sich um einen Alpha handelt. Wie es derzeit Steve Jobs von Apple schafft, den Markt zu beeinflussen und zu verändern, ist ein Lehrstück. Bislang gab es keinen Massenmarkt für sehr teure Multifunktionshandys. Jetzt gibt es das iPhone. Warten wir ab, wie diese Geschichte ausgeht.

Welche Möglichkeiten hat man als Unternehmen, den Markt zu beeinflussen? Schauen wir zu den Wölfen: Sie beeinflussen ihren „Markt" auch positiv. Sie töten überwiegend Tiere, die schwach sind, verletzt, krank. Sie sorgen so dafür, dass nur starke, gesunde Tiere überleben. Krankheiten können so weder sich massiv ausbreiten noch innerhalb einer Population vererbt werden.

Unternehmen können den Markt beeinflussen, indem sie Bedürfnisse ihrer Kunden wecken, die bis dahin noch nicht einmal wussten, dass sie dieses Bedürfnis haben. Oder hätten Sie sich vor 20 Jahren vorstellen können, dass Sie einmal ein Gerät „brauchen" würden, das Sie zu jeder Tages- und Nachtzeit verfügbar macht, Ihnen Nachrichten schickt, die Sie vielleicht in Stress versetzen, und Ihnen das Gefühl vermittelt, dass Sie ein Sklave Ihres Arbeitgebers sind und überhaupt niemals Ruhe haben?

Aber: Wer als Führungskraft zu stark darauf setzt, bei seinen Kunden kurzfristige Bedürfnisse zu wecken, wird damit baden gehen. Viele Handytarifanbieter setzten bei der Vermarktung ihrer Verträge stark auf Jugendliche als Klientel. Klar, Jugendliche sind noch relativ leicht verführbar und überaus anfällig für die Errichtung von Standleitungen zu den anderen aus ihrer Peergroup. Also schlossen sie Verträge ab und telefonierten,

was die Leitungen hergaben. Und konnten am Ende die Rechnung nicht bezahlen. Die Tarifanbieter blieben auf den Schulden sitzen. Mal wieder ein Fall von: zu kurz gedacht.

Ähnlich verhält es sich mit den vielen Immobilien, die an Menschen verkauft werden, die sich eigentlich keine Immobilie leisten können. Weil die Banken im Kampf um die Kreditnehmer sehr urdeutsche Bedürfnisse ins Feld führen („Nur wer ein Haus hat, hat es wirklich zu etwas gebracht!"), lassen sich viele Menschen darauf ein, verschulden sich, werden finanziell derart unbeweglich, dass sie sich überhaupt nichts anderes mehr leisten können. Kommen dann noch die ganz normalen Krisen dazu – Arbeitslosigkeit, Scheidung, Krankheit –, sind sie zahlungsunfähig und die Banken gucken in die Röhre.

Diese Masche – mit übersteigerter Bedürfnisweckung auf Kundenfang zu gehen – hat etwas von Blutrünstigkeit, die am Ende dem gesamten System schadet: dem Unternehmen, das die Gier bei den Kunden geweckt hat, und den Kunden, die sich durch ihre Gier selbst schädigen. Wölfe kennen das auch, im Übrigen. Wenn sie auf eine eingezäunte Schafherde losgelassen werden, ist es vorbei mit der Contenance und der vornehm-dezenten „Ich-töte-nur-so-viel-Tiere-wie-ich-auch-tatsächlich-fresse"-Haltung. Das massive Fluchtverhalten der Schafe weckt dann einen übermäßigen Jagdinstinkt bei den Wölfen und sie töten alles, was sich bewegt. Dann wollen sie alles haben, was ihnen da vor die Nase gesetzt wurde und irgendwie nach Schaf riecht – obwohl sie es gar nicht brauchen, obwohl es sie kein Stück weiterbringt, ihnen überhaupt nichts nützt. Ganz im Gegenteil.

Dekadente Nasenspitzen

Dass Unternehmen ihre Märkte verteidigen müssen, ist eigentlich ein Dauerzustand. Hinzu kommt, dass sie tendenziell unersättlich sind: Immerzu wollen sie ein noch größeres Stück vom Kuchen abhaben, bilden große Konglomerate und Firmenkonsortien. Und übernehmen sich dabei oft genug. Können nicht die Synergieeffekte und Einnahmen generieren, die sie sich versprochen hatten. Keine Chance. Größe und Schlagkraft gehen nun mal nicht miteinander einher. Im Gegenteil: Die schiere Größe bedeutet gleichzeitig mangelnde Flexibilität, hohe Kosten für die Integration, verschwendete Energien durch interne Positionskämpfe.

Als Daimler AG wird man nun zu dem zurückkehren, was einmal das Kerngeschäft des Konzerns war und nun wieder werden soll: die Entwicklung und Herstellung von Premiumautomobilen. Klein, aber fein war schon immer besser als groß und unübersichtlich. Auch ein Wolf käme nicht auf die Idee, seinen Revieranspruch ins Unermessliche zu steigern. Er hätte einen immensen Aufwand dadurch, der in keinem Verhältnis zum Ertrag stehen würde. Bei den Wölfen befindet sich immer alles in einer ausgewogenen Balance. Ein Alphawolf würde niemals etwas aufbauen, was ihm hinterher wieder auf die Füße fällt. Bei dem die Größe und der Umsatz nicht in einem guten Verhältnis stehen.

Wer ein vernünftiges Wachstum betreibt, ist die Firma Gore. Dort hat man zwar eindeutig die Ambition, stetig zu wachsen und weltweit präsent zu sein. Die Alphachefs dort tun das aber, indem sie kleine, flexible Einheiten installieren und dezentrale Strukturen schaffen. Ihnen ist Wachstum wichtig, aber nicht um jeden Preis. Und vor allem nicht auf Kosten anderer. Wachstum wird dort als Weiterentwicklung gelebt

und nicht als Verdrängungswettbewerb. Die Führungskräfte sind sich einer wichtigen Tatsache bewusst: Wo sie heute die Gewinner sind, können sie morgen zu den Verlierern gehören – wenn sie nicht langfristig denken, wie sich das eben gehört, wenn man ein Alpha ist.

Die Verteidigung eines Reviers oder eines Marktes reicht manchmal aber nicht aus. So wie Fähe 2 und der sandfarbene Rüde mit dem struppigen Fell genau erkannten, dass ihr einziges Heil im Rückzug bestand, muss sich auch so manches Unternehmen eingestehen: Wenn wir jetzt nicht das Feld räumen, dann gehen wir dabei drauf. Wenn wir jetzt nicht Ballast abwerfen, stürzen wir ab. Wer da nicht zu den Alphachefs gehört und ein verlässliches Frühwarnsystem aufgebaut hat, hat es schwer. Vielen Führungskräften geht es bei ihrer Tätigkeit jedoch leider oft genug nur um die Absicherung ihrer eigenen Position. Sie sind mehr mit sich selbst als mit der Situation beschäftigt und registrieren darum so manches Warnzeichen nicht. Und treffen entsprechende Entscheidungen viel zu spät. Vielen fehlt auch der Mut, unpopuläre Wege zu gehen und harte Maßnahmen durchzudrücken. Wer das jedoch getan und auf sich genommen hat, bekommt irgendwann zu einem späteren Zeitpunkt bescheinigt: Das war genau das Richtige, was du da getan hast!

Aufgabe eines Alphachefs ist es, immer und immer wieder den Blick auf das große Ganze zu richten und zu einer langfristigen Gesunderhaltung des gesamten Systems beizutragen. Ein Unternehmen sollte sich nicht nur zum Ziel setzen, möglichst viel Geld in einem möglichst kurzen Zeitraum zu erwirtschaften, sondern auch das Ziel haben, möglichst vielen Menschen möglichst lange eine Existenzgrundlage zu bieten. Und dafür muss es langfristig denken. Hedgefonds und Private Equity stehen für eine genau entgegengesetzte Denkweise. Und genau daran krankt unsere Wirtschaft in weiten Teilen: Jeder ist sich selbst der Nächste, denkt bis zu seiner eigenen Nasenspitze und das war's dann. Wer aber nicht zur Gesundung des gesamten Systems beiträgt, wird untergehen, die einen früher, die anderen ein bisschen später, aber nichtsdestotrotz unweigerlich. Das ist das Schicksal aller dekadenten Gesellschaften und Institutionen.

13

Identität

Warum Rudel mit Traditionen die besten sind

Totgesagte leben länger. Auch Wölfe. Gnadenlos gejagt und verdrängt haben Sie trotzdem überlebt, weil sie sich permanent angepasst haben. Ihr Erfolgsrezept: Beharrlichkeit, Aktivität, Teamgeist. Die Wölfe haben nie aufgegeben, sondern ihre mitunter schwierigen Lebensumstände immer als Herausforderung angenommen. Sie haben sich immer wieder Gebiete gesucht, in denen sie überleben konnten. Es gab Zeiten, in denen es leichter für sie war, in denen sie zahlenmäßig wachsen konnten. Und es gab Zeiten, in denen sie leiden und darben mussten. Wölfe können sehr gut eine Balance aus diesen beiden Zuständen herstellen. Sie können zwölf Kilo Fleisch auf einmal fressen, aber auch mal 14 Tage ohne Futter überleben. Sie können sehr extreme Lebensbedingungen aushalten und meistern.

Menschen – inner- und außerhalb von Unternehmen – pendeln sich gerne auf einer moderaten Mittellinie ein, in ihrer Komfortzone. Selbst da schwanken sie zwischen Euphorie und Depression, ohne sich darüber im Klaren zu sein, was in ihnen steckt. Höchstleistungen kommen immer nur dann zustande, wenn Menschen bereit sind, mehr zu tun, als das, was gerade mal nötig ist. Wölfe dagegen sind immer bereit, mehr zu tun, an ihre Grenzen zu gehen, denn bei ihnen geht es im Gegensatz zu uns immer ums Überleben. Sie nehmen Entbehrungen in Kauf, weil sie wissen: Am Ende lockt die

Beute, und zwar nicht nur eine Maus, sondern ein Moschusochse. Und der muss es auch sein, denn sonst hätten sie keine Chance, ihren Nachwuchs aufzuziehen. Von einer Maus hätte nur ein einzelner Wolf etwas. Von einem Moschusochsen profitieren alle Wölfe. Auch der Nachwuchs. Und dieser sichert das Überleben des Rudels.

Weitere Erfolgsrezepte der Wölfe: Weitergabe von Wissen und kontinuierliche Arbeit an der eigenen Fitness, und zwar körperlich wie mental. Und das gilt für jedes einzelne Individuum eines Systems. Alle müssen fit sein! Bei den Wölfen arbeitet jedes Rudelmitglied daran. In den Unternehmen gibt es viel zu viele – und zwar auf jeder Hierarchieebene –, die die anderen für sich arbeiten lassen. Ist ja auch schön bequem, und passieren tut einem eh nichts.

Dass Wölfe es geschafft haben, langfristig zu überleben, wissen und erleben wir. Wie ist das aber bei Unternehmen? Wie sehen die Erfolgsfaktoren eines Unternehmens aus, das langfristig überlebt und Generationen von Menschen beschäftigt? Das 150 Jahre und länger existiert? An erster Stelle stehen: gemeinsame Werte, Humanität, soziales Engagement. Ohne die geht es nicht. Wer es nicht schafft, vor den Augen der Mitarbeiter ein übergeordnetes Ziel zu installieren, wird langfristig nicht überleben. Mit stabilen Werten übersteht man die größten Krisen.

Weitere Langfrist-Erfolgsfaktoren für Unternehmen: Es darf keine Inseln mit Individual-Know-how geben. Die Kommunikation des Wissens und der Werte ist entscheidend. Nur dann kann man ein „Organisationswissen“ kreieren, das nicht zusammenbricht oder wegfällt, wenn ein Individuum das Unternehmen verlässt. Auch ein Wolfsrudel bricht nicht zusammen, wenn beispielsweise der Alphawolf ausfällt. Es gibt sofort andere, die eine Art Interimsführung übernehmen können, so lange, bis ein neues Leittier feststeht. Bei den Wölfen sind beispielsweise viele Rudelpositionen doppelt besetzt, jeweils von einem Rüden und einer Fähe. Ein Teil der Funktionen kann – sollte ein Wolf ausfallen – von seinem Mitspieler des anderen Geschlechts übernommen werden. Selbst wenn das nicht geht: Es springt sofort ein anderes Tier in die Bresche und versucht, die verwaiste Funktion auszufüllen. Das birgt auch immer eine Chance: Erfüllt es die Rolle gut, wird es von den anderen Tieren anerkannt und behält die Position. Wenn nicht, übernimmt wiederum ein anderes Tier dessen Rolle. Hier wird nicht wehleidig und angstvoll gejammert, sondern gehandelt.

Bestimmte Signale benötigen die Tiere dafür nicht. Diese Erkenntnisse sind Ergebnis langfristiger Prozesse. Dass ein Tier bestimmte Eigenschaften hat, die es zur Übernahme einer bestimmten Position qualifizieren, kristallisiert sich ja lange heraus, meistens während des ganzen Lebens eines Wolfs. Außerdem: Wölfe scheinen zu „wissen", dass ihre Lebensform, das Rudel, ideal ist. Und dass dieses Rudel idealerweise so und nicht anders aufgebaut sein muss. Sie haben das gelernt durch die vielen positiven Erfahrungen, die sie mit dieser Lebensform gemacht haben. Jedes Tier spürt und erlebt, dass es zu diesem System keine sinnvolle Alternative gibt. Dessen Vorteile prägen sich allen Tieren ein und sie geben dieses Wissen an die nächste Generation weiter. Wölfe haben von klein auf gelernt, dass Fürsorge etwas Positives ist. Dass man durch eine Vielzahl von Eigenschaften die Gemeinschaft stärken kann. Dass jeder etwas davon hat, wenn er die Gemeinschaft stärkt. Ein gesunder Wolf, der alle seine Sinne beisammenhat, käme nicht auf die Idee, sich über einen längeren Zeitraum hinweg anders zu verhalten.

Wenn ein Unternehmen es schafft, die Summe aller positiven Erfahrungen als Unternehmenstradition zu etablieren, hat es gewonnen. Wenn alle merken: So läuft es gut, das hat Sinn, da profitieren alle, dann überträgt sich diese Haltung mehr oder weniger automatisch auch auf die Neulinge im Unternehmen. Positive Verhaltensweisen können genauso gut vererbt werden wie negative. Wer ein Alphachef ist, hat in einem sehr frühen Entwicklungsstadium seines Unternehmens so etwas wie eine Spur gelegt. Einen Geist verbreitet, der später ausschlaggebend dafür ist, ob das Unternehmen – genau wie ein Wolfsrudel oder ein Kind – Erfolg haben wird oder nicht.

Es kommt alles zurück im Leben!

„Zukunft braucht Herkunft" – das wissen auch die Mitarbeiter der Fürst Fugger Privatbank, denn mit diesem Satz werden Kunden und Interessenten auf ihrer Homepage begrüßt. Diese Bank hat sich sehr erfolgreich auf die Verwaltung und Betreuung privater Vermögen spezialisiert und beruft sich ganz explizit auf die jahrhundertealte Firmen- und Familientradition: Die Fugger gehörten schon im 15. Jahrhundert zu einem einflussreichen Kaufmanns- und Händlergeschlecht mit Sitz in Augsburg. In seiner Blütezeit umspannte das fuggersche Imperium ganz Europa. Man handelte mit Indien, Südamerika, Afrika, mit dem Papst, mit den Habsburgern, den Königen und Kaisern von Deutschland, Spanien, Portugal, England, Ungarn. Und mit der Familie Medici, den Konkurrenten jenseits der Alpen.

Die Lenker des fuggerschen Imperiums waren in der Mehrzahl über Generationen hinweg Alphachefs. Einer von denen, der die Alpharegeln missachtete, war Andreas Fugger, zweiter

Sohn des Stammvaters Hans Fugger. Andreas war der erste der Fugger, der kein Weber blieb, sondern Kaufmann wurde. Er brachte es schnell zu Reichtum und Macht, die sein Sohn Lukas sogar noch ausbaute. Die schnelle Expansion konnte das Unternehmen jedoch nicht verkraften, hinzu kamen unternehmerische Fehlentscheidungen, und dieser Familienzweig der Fugger verlor sein Vermögen. Der erste Sohn des Hans Fugger, Jakob, war dagegen vorsichtig geblieben, hatte die Weberei seines Vaters nach und nach aus- und erste Handelskontakte aufgebaut. Sein Sohn Jakob der Reiche konnte auf dieser soliden Basis aufsetzen und das Unternehmen in seine Blütezeit führen.

Jakob Fugger der Reiche hatte aber auch noch eine andere Alphatugend mit auf den Weg bekommen: Er wusste um seine soziale Verantwortung. 1521 stiftete er für bedürftige Augsburger Bürger die „Fuggerei", heute die älteste bestehende Sozialsiedlung der Welt. Darin wohnten Frauen, arme Tagelöhner, Handwerker, Bürger und Einwohner der Stadt Augsburg, die ohne eigenes Verschulden bedürftig geworden waren. Die Fuggerei erstreckt sich über acht Straßenzüge, hat eine eigene Stadtmauer und Stadttore, die immer noch jeden Abend um 22 Uhr geschlossen werden. Heute leben ungefähr 150 Menschen in der Fuggerei, die fast ausschließlich von den Fürstlich und Gräflich Fuggerschen Stiftungen finanziert wird. Die Aufnahmebedingungen der Fuggerei haben sich seit dem 16. Jahrhundert nicht maßgeblich geändert: Nur Augsburger Bürger werden dort aufgenommen, die katholisch und außerdem unverschuldet in Not geraten sind. Die jährliche Kaltmiete einer Wohnung in der Fuggerei beträgt auch heute noch und seit bald 500 Jahren einen Rheinischen Gulden – heute sind das 0,88 Euro –, sowie täglich drei Gebete für den Stifter und seine Familie. Merke:

Ein guter Alpha gibt – wie Jakob Fugger – etwas ab von seinem Gewinn, den er mithilfe aller anderen erwirtschaftet hat.

Firmen, die dagegen von vornherein auf Prinzipien des Neids und der Missgunst aufgebaut sind, müssen scheitern. Wer versucht, Menschen gegeneinander auszuspielen, erreicht nur Negatives und setzt eine entsprechende Spirale in Gang. Ein Inhaber eins Unternehmens war in jeder Hinsicht der negative Prototyp eines Übervaters: Er ließ seinen Sohn, der die Firma übernehmen sollte, nicht in die Verantwortung hineinwachsen. Der Junior konnte praktisch nichts tun, ohne dass sich sein Vater eingemischt, an ihm herumgekrittelt, ihn vor versammelter Mannschaft heruntergeputzt hätte. Der Sohn wurde erst Geschäftsführer, nachdem der Vater gestorben war. Im stattlichen Alter von über 50 Jahren holte er dann alle Sünden nach, die er eigentlich in jungen Jahren hätte machen sollen. Solange die Firma noch existierte – und es vergingen immerhin acht Jahre, bevor der neue Chef den Laden an die Wand gefahren hatte –, blieb er eine zutiefst verunsicherte Führungskraft, die nur auf ihren persönlichen Profit bedacht war, keinerlei wirkliche Verantwortung übernahm und weder mit den Mitarbeitern noch mit sich selbst auf eine konstruktive Art und Weise umgehen konnte.

Ein Katalog der Alphatugenden

Was bedeuten Identität und Tradition im Unternehmensalltag? Wie können Sie als Alphachef dafür sorgen, dass diese beiden Werte einen Platz im Tagesgeschäft finden? Vor allem, indem Sie angemessen langsam vorgehen. Evolution statt Revolution heißt die Devise. Wer Dinge langsam entwickelt und das Bestehende nicht verdammt, sondern mit der Zeit immer wieder Anpassungsleistungen vornimmt, wird ein entsprechendes Bewusstsein auch in den Köpfen seiner Mitarbeiter und irgendwann im kollektiven Unterbewusstsein des Unternehmens versenken. Sorgen Sie also dafür, dass an den strategisch richtigen Stellen in Ihrem Unternehmen die Bewahrer sitzen, die sich darum kümmern, dass dem „Überbau“ nicht der Boden entzogen wird. Dass nicht alles, was bislang gut war, über Bord geworfen wird.

Genau diesen Fehler hatte Wolfgang Bernhard begangen. Sowohl als Chrysler-Sanierer wie auch als VW-Vorstand und -Markenchef erwarb er sich den Ruf eines wahren Höllenhundes. Er hatte zwar die Sanierung des Konzerns vorangetrieben, sich dabei aber nicht viele Freunde gemacht: Die Belegschaft war ihm anscheinend nicht viel wert, ließ er doch kaum ein gutes Haar an den VW-Mitarbeitern und vor allem nicht an dem, was sie da in vielen Jahren auf die Beine gestellt hatten. Alles sollte neu, besser und überhaupt ganz anders werden. Bernhard hatte dabei aber völlig außer Acht gelassen, dass die Unternehmenstradition bei VW eine sehr große Rolle spielt. Dass sich die Mitarbeiter in einem sehr hohen Maße mit dem Unternehmen identifizieren. Als Bernhard den Konzern verließ, war die Erleichterung greifbar. Nun sucht der Manager das Glück bei seinesgleichen: Beim Finanzinvestor Cerberus heuerte er als Berater an.

Wenn ein Unternehmen intakte Traditionen hat, dann merkt man das daran, wie die Menschen über „ihr“ Unternehmen sprechen. Abfällig? Oder mit spürbarer Zugehörigkeit? Achten Sie auf die Geschwindigkeit, mit der sich die Mitarbeiter dort bewegen. Wird dort über die Gänge und durch die Hallen geschlurft? Oder geflitzt? Wie sieht es mit Verschwendung aus? Wie gehen die Mitarbeiter mit den Betriebsmitteln um? Werden Büromaterialien, Rohstoffe, Produkte entwendet? Wenn das der Fall ist, kann die Identifikation mit dem Unternehmen und seinen Zielen nicht sehr hoch sein.

Es gibt sie aber – Firmen, in denen sich sowohl Geschäftsführung als auch Mitarbeiter in einem sehr hohen Maße mit dem Unternehmen identifizieren. Meist sind es inhabergeführte Familienunternehmen. An der Universität Witten/Herdecke hat das Institut für Familienunternehmen am Beispiel von zehn bekannten Firmen untersucht, wie Unternehmen es schaffen, langfristig zu überdauern. Das Ergebnis dieser Studie – die Erfolgsfaktoren für generationenübergreifende „success stories“ – liest sich wie ein Katalog der Alphachef-Tugenden:

Familien- und Eigentümerinteressen werden den Interessen des Unternehmens untergeordnet. Aber auch: Der Vorteil eines Gesellschafterstatus muss für die Familienmitglieder klar erkennbar bleiben. Deren Zugehörigkeit zum Unternehmen muss auch einen ökonomischen Wert haben, nicht nur einen emotionalen. An der Spitze des Unternehmens und der Familie steht eine Persönlichkeit, deren Integrität alle vertrauen. Niemand zweifelt daran, dass diese Persönlichkeit die Interessen des Unternehmens an die erste Stelle setzt. Ihre Macht beruht nicht auf der Anzahl der eigenen Aktienanteile, sondern auf der kollektiven Erfahrung aller Familienmitglieder und Mitarbeiter, dass diese Person übergeordnete Interessen vertritt und Entscheidungen uneigennützig trifft. Nur auf dieser Basis werden auch unpopuläre Entscheidungen akzeptiert und langfristige Konflikte verhindert. Investitionsentscheidungen gehen niemals zulasten der Unabhängigkeit des Unternehmens. Langsames, gesundes Wachstum wird bevorzugt. Deutliche Abhängigkeiten von externem Kapital sollte es nicht geben. Im Unternehmen herrschen große Kreativität und Innovationsfähigkeit. Es hat eine klare Kernkompetenz, beschränkt sich aber nicht nur auf das Kerngeschäft. Internationalisierung ist selbstverständlich.

Ein Alphageheimnis

Bei dem sozialen Engagement der Familie Fugger wurde überschießendes Kapital in bester Alphamanier geteilt. Auch heute gründen viele erfolgreiche Unternehmen beziehungsweise deren Unternehmer Stiftungen, deren Gelder in irgendeiner Art und Weise für das Gemeinwohl eingesetzt werden. Die Bill & Melinda Gates Foundation. Die Rockefeller Foundation. Die Robert Bosch Stiftung. Die Heinz Nixdorf Stiftung. Die Otto und Lonny Bayer Stiftung. Die Hasso-Plattner-Stiftung. Die Klaus Tschira Stiftung. Die Bertelsmann Stiftung.

Auch ein Alphawolf teilt den Jagderfolg mit den anderen Mitgliedern des Rudels. Er käme nicht auf die Idee, seine Gefährten mit Mäusen abzuspeisen, während er sich allein den Moschusochsen einverleibt, den die anderen mit ihm gejagt haben. Natürlich bekommt er etwas mehr zu fressen als die anderen. Er bekommt auch vor allen anderen seinen Anteil an der Beute. Das funktioniert aber, weil die anderen Rudelmitglieder akzeptieren, dass er der Chef ist, und vor allem weil alle wissen, dass er einen hohen Anteil zum Erfolg des gesamten Systems beiträgt.

In vielen Organisationen herrscht dagegen eine überbordende Neidkultur. Das ist manchmal sogar ganz gut nachzuvollziehen: In der Presse darf man lesen, dass der seinerzeit erfolglose Daimler-Manager Jürgen Schrempp – ihm wurde von der Deutschen Schutzvereinigung für Wertpapierbesitz bescheinigt, dass er Milliardenwerte vernichtet habe – nun im Nachhinein davon profitiert, dass der Kurs der Daimler-

Aktien unter seiner Führung ins beinahe Bodenlose sank. Als Trost dafür sind seine Aktienoptionen nun mehr als 50 Millionen Euro wert. Was lernen wir daraus? Mach einen miesen Job, hau gerade noch rechtzeitig ab, bevor alles zusammenbricht, und kassier hinterher noch mal richtig ab. Aha, so geht das!

Gott sei Dank gibt es noch andere Menschen – so wie beispielsweise einen Busunternehmer. Auf einer Urlaubsreise nach Marokko hatte er die Gelegenheit, sich ein Waisenhaus anzuschauen. Was er dort sah, bewegte ihn so sehr, dass er beschloss, zu helfen. Und seither sieht sein Jahresurlaub so aus: Er packt sein Wohnmobil bis obenhin voll mit Kinderkleidung, Schulranzen, Papier, Stiften, Babynahrung, Windeln, Pflegeprodukten. All das sammelt er übers Jahr als Spenden. Und dann macht er sich jeden Sommer zusammen mit seiner Frau auf den langen Weg nach Marokko. Nimmt in Algeciras die Fähre nach Tanger und fährt immer weiter, bis in den Süden Marokkos, wo das Waisenhaus liegt. Dort liefert er die Sachen ab. Bleibt drei Wochen da, nimmt immer wieder ein paar Kinder aus dem Waisenhaus mit, macht mit ihnen Ausflüge, an den Strand, in die Berge, zum Eisessen in die Stadt. Dieses Beispiel zeigt: Menschen haben normalerweise den Drang, soziale Verantwortung zu übernehmen. Wenn jedoch die Gier mit ihnen durchgeht, gibt es kein Halten mehr. Ähnlich wie bei den Wölfen im Schafspferch.

Maßlose Gier zieht einem allerdings die Lebensgrundlage unter den Füßen weg. Leider spürt man die Auswirkungen seines Handelns als Angehöriger eines Unternehmens nicht immer – fragen Sie mal Jürgen Schrempp, ob ihm irgendetwas wehtut. Und darum vergessen Menschen, seien sie nun Führungskraft oder Sachbearbeiter, wie wichtig es ist, langfristig zu denken und zu handeln.

Ein Alphachef gibt seinen Mitarbeitern die Möglichkeit, sich auszuprobieren und die Auswirkungen ihres Handelns zeitnah zu erfahren. Er kommuniziert unmittelbar und direkt. Er ist immer inmitten seiner Mitarbeiter zu finden.

Wie der Alphawolf. Der läuft nicht zwingend voran bei der Jagd. Sondern gibt den Wölfen, die vorneweg laufen, im entscheidenden Moment einen Impuls in die richtige Richtung. Er führt die Geschicke des Rudels immer dann, wenn eine wichtige Entscheidung ansteht. Er führt aus einer zentralen Position heraus. Nicht vorneweg, nicht hinterher. Mittendrin. Das ist das Geheimnis des Alphawolfs.

Literatur

Askani, Tanja: *Wolfsspuren – Die Frau, die mit den Wölfen lebt*, AT Verlag, 2005

Askins, Renée: *Der Ruf der Wolfsfrau – Mein Leben für die Wildnis*, Droemer, 2004

Bloch, Günter; Bloch, Karin: *Timberwolf Yukon & Co.*, Kynos, 2002

Förster, Anja, Peter Kreuz: *Alles, außer gewöhnlich*, Econ, 2007

Ménatory, Anne: *Wölfe*, Karl Müller, 2004

Mowat, Farley: *Ein Sommer mit Wölfen*, Rowohlt, 2005

Nöllke, Matthias: *So managt die Natur*, Haufe, 2004

Okarma, Henryk; Langwald, Dagmar: *Der Wolf – Ökologie, Verhalten, Schutz*, Parey, 2002

Radinger, Elli H.: *Die Wölfe vom Yellowstone*, Von Döllen, 2004

Scherf, Gertrud: *Wolfsspuren in Bayern – Kulturgeschichte eines sagenhaften Tieres*, Buch & Kunstverlag, 2001

Zimen, Erik: *Der Wolf – Verhalten, Ökologie und Mythos*, Knesebeck, 1997

Über den Autor

Wenn man Johannes Voss am Zaun eines Wolfsgeheges stehen sieht, wo er mit leuchtenden Augen „seine" Wölfe beobachtet, wenn man ihn enthusiastisch von den Wölfen und ihren verblüffenden Verhaltensweisen erzählen hört, dann ahnt man, mit wie viel Engagement und Begeisterung er als Berater, als Vortragsredner oder Trainer und Workshopleiter auftritt.

Seit Jahren beobachtet Johannes Voss Wölfe an verschiedenen Orten in Europa, wo sie in großen Gehegen in ihrer natürlichen Umgebung leben. „Wölfe sind die besten Teamplayer der Welt", so der Diplom-Ingenieur, Projektmanagement-Spezialist und Berater. Was genau Führungskräfte von Wölfen lernen können, das zeigt er nicht nur in diesem Buch, sondern auch regelmäßig in Vorträgen und Workshops und Führungskräftetrainings.

Johannes Voss ist Gründer und Geschäftsführer der auf Projektmanagement, Büromanagement und Organisationsentwicklung spezialisierten Unternehmensberatung VOSS CONSULTING in Ochsenfurt. Nach dem Ingenieurstudium sammelte er vielfältige Erfahrungen als Führungskraft und Projektleiter in der Industrie, bevor er im Jahr 2001 ein eigenes Unternehmen gründete. Als Zertifizierter Senior Projektmanager (GPM/IPMA) und Zertifizierter Projektmanagement-Trainer (GPM) unterstützt er seitdem Kunden aus den unterschiedlichsten Branchen. Darüber hinaus besitzt er Lehraufträge an verschiedenen Hochschulen.

Dies ist sein zweites Buch. Im gleichen Verlag erschien „Von Wölfen lernen – Effektiv und souverän im Projekt“.

Kontakt:
VOSS CONSULTING GbR
Tückelhäuser Str. 10
Postfach 1557
97199 Ochsenfurt
Telefon 09331-98328-0
www.voss-consulting.de
info@voss-consulting.de